数控车床实训教程

主　编　王　鹤　王　伟　姜　隆

副主编　邱瑞杰　王大卫　潘　云　闫　夏

编　者　王　鹤　王　伟　姜　隆　邱瑞杰　王大卫　潘　云　闫　夏
任　辉　王东旭　谢建杰　孔令波　张福琴　孙　佳

主　审　王　威

西北工业大学出版社

西　安

【内容简介】 本书是根据职业院校数控技术及应用专业人才培养的要求而编写的，主要包括数控车工职业守则及数控车床操作规程、华中“世纪星”数控系统操作说明、数控加工工艺与编程基础知识和数控车床训练图集等内容。本书内容针对性强、简洁适用，并且采用了大量实际加工实例。通过数控车床加工实训，学生可在完成每一个任务的过程中学习相关工艺分析、编程指令和加工方法，最终掌握数控系统编程方法和加工技术。

本书既可作为职业院校数控技术应用、模具设计与制造、机电一体化等专业的教材，也可作为企业职工培训的指导用书。

图书在版编目(CIP)数据

数控车床实训教程 / 王鹤，王伟，姜隆主编. — 西安：西北工业大学出版社，2024.2

ISBN 978-7-5612-9186-3

Ⅰ.①数… Ⅱ.①王… ②王… ③姜… Ⅲ.①数控机床-车床-职业教育-教材 Ⅳ.①TG519.1

中国国家版本馆 CIP 数据核字(2024)第 033409 号

SHUKONG CHECHUANG SHIXUN JIAOCHENG

数 控 车 床 实 训 教 程

王鹤　王伟　姜隆　主编

责任编辑：付高明　　策划编辑：孙显章

责任校对：李阿盟　　装帧设计：李栋梁

出版发行：西北工业大学出版社

通信地址：西安市友谊西路 127 号　　邮编：710072

电　　话：(029)88491757,88493844

网　　址：www.nwpup.com

印 刷 者：西安五星印刷有限公司

开　　本：787 mm×1 092 mm　　1/16

印　　张：8

字　　数：196 千字

版　　次：2024 年 2 月第 1 版　　2024 年 2 月第 1 次印刷

书　　号：ISBN 978-7-5612-9186-3

定　　价：39.00 元

前　言

随着科学技术的飞速发展,实现制造强国的目标及全球“工业4.0”时代的到来,使传统工厂向智能工厂转变,高新技术的应用也日新月异。中国共产党第二十次全国代表大会(简称党的二十大)报告指出:“建设现代化产业体系。坚持把发展经济的着力点放在实体经济上,推进新型工业化,加快建设制造强国、质量强国、航天强国、交通强国、网络强国、数字中国。”现在传统的普通加工设备已难以适应市场,而以数控技术为核心的现代制造技术,以微电子技术为基础,将传统的机械制造技术与现代控制技术、计算机技术、传感检测技术、信息处理技术以及网络通信技术有机地结合在一起,构成高度信息化、高度柔性化、高度自动化的制造系统。数控技术已被世界各国列为优先发展的关键工业技术,成为当代国际科技领域竞争的重点。

本书坚持以就业为导向,将数控车削加工工艺、程序编制方法和零件数控加工等专业技术能力融合到实训操作中,充分体现了“教—学—做”合一的项目化教学特色。通过由浅入深的项目内容,学生可以在学习理论知识的同时,进行实训操作,加强感性认识,达到事半功倍的效果。全书共4个项目:项目一介绍数控车床相关的操作规程和从事相关岗位应具备的职业操守,项目二针对华中“世纪星”数控系统的相关操作进行说明,项目三介绍数控加工相关工艺以及编程基础知识,项目四为数控车床训练图集。本书具有以下特色。

1.落实课程思政

本书注重立德树人,挖掘德育元素融入教学内容,每项目伊始设置“学思课堂”模块,帮助学生明确相关理论知识的思政背景,激发学生的民族荣誉感和对专业知识的热爱,培养学生运用所学知识解决实际问题的能力。

2.侧重知识应用

通过合理选择教学案例和训练内容,将知识能力与应用能力相融合,从简单到复杂,从单一到综合,并通过项目教学体现能力发展与职业发展规律相适应、教学过程与工作过程相一致的教学体系和模式,既具有先进性,也具有可读性。

3. 以学生为主体,目标明确

本书追求以学生为主体,项目化引领组织教学的结构形式编写,使学生学习的过程与职业工作过程相一致,体现教学过程以完成具体工作任务为目标。前三个项目注重知识点的教学,最后一个项目注重培养学生的职业能力。在教师引导下,学生通过自主学习、讨论,按照书中的训练图集,拟定合理的加工工艺,编写正确的加工程序,并通过数控车床操作与工件加工工艺过程完成零件的加工。加工后,学生要对产品的加工质量做定性及定量分析,并提出整改意见。

本书由吉林科技职业技术学院王鹤、王伟、姜隆担任主编,由吉林科技职业技术学院邱瑞杰、王大卫、潘云、闫夏担任副主编,吉林科技职业技术学院任辉、王东旭、谢建杰、孔令波、张福琴、孙佳也参与了本书的编写。具体分工如下:王鹤编写项目一、项目三的任务一至任务四,王伟编写项目三的任务五、任务七和任务八,姜隆编写附录,邱瑞杰编写项目三的任务六,闫夏编写项目二,项目四由王鹤、王伟、姜隆、邱瑞杰、王大卫、潘云共同编写。全书由吉林科技职业技术学院王威进行审稿。

为了提高编写质量,在编写本书的过程中,笔者参阅了部分专家和学者的著作,在此谨向他们表示衷心的感谢!

由于笔者水平有限,书中难免存在疏漏和不妥之处,恳请读者批评指正,以便修订完善。

编 者

2023 年 8 月

目　　录

项目一　数控车工职业守则及数控车床操作规程 …… 1
任务一　数控车工职业守则 …… 2
任务二　数控车床操作规程 …… 3
任务三　数控车床的维护与保养 …… 6
项目二　华中“世纪星”数控系统操作说明 …… 9
任务一　熟悉操作装置 …… 10
任务二　掌握软件操作界面 …… 12
任务三　掌握基本操作 …… 14
任务四　零件程序的结构 …… 17
项目三　数控加工工艺与编程基础知识 …… 21
任务一　了解数控车床 …… 22
任务二　掌握数控程序编制 …… 27
任务三　数控车削加工工艺分析 …… 29
任务四　数控车床的辅助功能 …… 31
任务五　主轴功能 S、进给功能 F 和刀具功能 T …… 33
任务六　进给控制指令 …… 34

任务七　循环指令…………………………………………………………………………………… 36

任务八　刀尖圆弧半径补偿……………………………………………………………………………… 39

项目四　数控车床训练图集……………………………………………………………………………… 41

附录…… 117

附录 1　华中“世纪星”HNC-21T 机床控制面板上各按键的作用及使用方法一览表………………… 117

附录 2　数控车床常用功能一览表……………………………………………………………………… 119

附录 3　数控车床常用辅助功能一览表………………………………………………………………… 120

参考文献…………………………………………………………………………………………………… 121

项目一　数控车工职业守则及数控车床操作规程

学思课堂

“数控车床实训教程”是数控技术专业的一门实践性和综合性较强的新技术专业实训课，适合从事数控设备现场操作、安装、调试、维护、车间生产组织与管理等岗位的学生学习，课程引入了数控技术行业（职业）技术标准（规范）。学生通过本课程的学习：应掌握数控车床的基本原理、数控加工工艺及编程方法等技能，能运用数控车床及附件等工具完成典型零件的数控编程及加工等工作；培养交际与沟通能力、管理能力、信息处理能力、团队协作精神、敬业乐业精神、创新意识、质量意识、安全意识、环境保护意识、法律意识等社会职业核心能力，以及政治素养、人文素养、职业道德、职业态度、职业行为习惯等基本职业素养。

学习目标

(1)了解数控车工的职业要求、操作规程。

(2)熟悉数控车工的安全操作。

(3)提高安全意识、质量意识，具备较强的专业素养。

任务一　数控车工职业守则

一、岗位职责

(1)遵守法律、法规和有关规定。

(2)爱岗敬业,忠于职守,具有高度的责任心。

(3)努力钻研业务,刻苦学习,勤于思考,善于观察。

(4)工作认真负责,严于律己,吃苦耐劳,团结合作。

(5)遵守操作规程,坚持安全生产。

(6)着装整洁,符合规定;爱护设备和工、量、刃、夹具等工具。

(7)严格执行工作程序、工作规范和工艺文件。

(8)保持工作环境清洁有序,文明生产。

二、必备的基础知识

数控车床是集机、电、液、气、自动控制等多门学科和多种技术于一体的高科技产品,因此对使用、维修人员的知识结构及应用能力的要求较高。由于不同种类、不同型号的数控车床在结构、功能、性能等方面都不同,甚至存在较大差异,所以在使用之前,必须对操作、编程及维修人员进行岗前培训,认真学习随机资料,如产品使用说明书、维修保养手册等,掌握所用车床的结构、原理、性能、功能、操作使用方法及注意事项,熟知岗位职责、安全操作规程等内容,并在以后的工作过程中,不断学习相关知识和操作技能,提高应用能力。

任务二 数控车床操作规程

一、数控车床操作安全规定

(1)开机前,应对数控车床进行全面、细致的检查,包括操作面板、导轨面、卡盘、尾座、刀架、刀具等,确认无误后方可开机。

(2)数控车床通电后,检查各开关、按钮和按键是否正常、灵活,机床有无异常现象。

(3)程序输入后,应仔细核对代码、地址、数值、正负号、小数点及语法是否正确。

(4)正确测量和计算工件坐标系,并对所得结果进行检查。

(5)输入工件坐标系,并对坐标、坐标值、正负号和小数点进行认真核对。

(6)未装工件前,空运行一次程序,看程序能否顺利进行,刀具和夹具安装是否合理,有无超程现象。

(7)试切时,快速倍率开关必须打到较低挡位。

(8)试切进刀时,在刀具运行至工件 30~50 mm 处,必须在进给保持下,验证 Z 轴和 X 轴坐标剩余值与加工程序是否一致。

(9)试切和加工中,刃磨刀具和更换刀具后,要重新测量刀具位置并修改刀补值和刀补号。

(10)程序修改后,要对修改部分仔细核对。

(11)必须在确认工件夹紧后再起动机床,严禁在工件转动时测量、触摸工件。

(12)操作中出现工件跳动、抖动、异常声音、夹具松动等异常情况时必须停止处理。

(13)紧急停车后,应重新进行机床“回零”操作,才能再次运行程序。

二、数控车工安全操作

(1)操作前必须穿好工作服,扎紧袖口,女生要戴安全帽。

(2)为了防止铁屑飞入眼睛,操作时应戴防护眼镜。

(3)操作时不得戴手套。

(4)操作时必须集中精力,车床启动时不得离开车床或做与车床操作无关的事,更不允许在车床周围说笑打闹。

(5)装夹刀具和工件必须牢固。
(6)卡盘扳手用完后必须顺手取下,以防飞出伤人。
(7)不能用手来刹住正在旋转的卡盘、齿轮或丝杠等。
(8)在车床主轴未停稳时,不能用精密量具测量工件。
(9)在切削工件期间不要清理切屑。
(10)清理切屑时要用钩子和刷子,不可直接用手清理。
(11)不可用手触摸正在旋转的工件表面。
(12)安装或卸下刀具都应在停车的状态下进行。
(13)要在停车的状态下调整冷却液的喷嘴。
(14)未经允许不得动用任何附件和车床。
(15)不得倚靠在车床上操作。
(16)不要随便装拆车床上的任何电器设备和其他附件。
(17)工作完成后,必须清除车床及周围的切屑和冷却液,并用棉纱将车床床面擦干净后抹上机油。
(18)工作结束后关掉总电源。

三、加工工件完毕后的注意事项

(1)全批工件加工完毕后,应核对刀具号、刀补值,使程序、偏置页面、调整卡及工艺卡中的刀具号、刀补值完全一致。
(2)在重复使用刀具时,应在对刀仪上重新对刀,可有效减小刀具磨损对加工工件的影响。
(3)从刀库中卸下刀具,按调整卡或程序,清理编号入库。磁盘与工艺、刀具调整卡应成套入库。
(4)卸下夹具,某些夹具应记录安装位置及方位,并做记录,存档。
(5)将各坐标轴停在中间位置。
(6)此时若需关机,可按操作面板上的电源断开按钮,稍做等待,使主轴中的冷却油部分回流后可自动关机。

四、数控车床的使用要求及注意事项

(1)使用环境。避免阳光直接照射和其他热辐射,数控车床附近不应有电焊机、高频设备及冲床、锻压设备等干扰源和振动源;避免放

置在潮湿、多尘或有腐蚀性气体的场所。周围工具、夹具及附属设备、工件等要文明、整齐地排放。

(2)电源要求。数控车床的电源要保持稳定,电压波动范围应控制在±10%之间。一般采用专线供电或增设稳压装置,防止因电源电压波动而影响、损坏系统。

(3)安全操作规程。安全操作规程是保证数控车床安全运行的重要措施之一,操作者必须严格遵守。

(4)供气系统。车床所需压缩空气的压力、流量应符合要求,并保持清洁。通风管路严禁使用镀锌钢管;防止铁锈堵塞过滤器;定期检查、清理气液分离器,防止水分进入气路。

(5)液压、润滑及冷却系统。工作液要符合要求,保持清洁;回路畅通,压力、流量符合要求;各部位润滑良好,冷却充分。定期清洗、更换滤芯,检验油液质量并及时更换。

(6)应尽量少开电气系统的控制柜和强电柜门,以防止灰尘、油雾等侵蚀电气电子元件。

(7)经常检查数控装置的散热、通风情况,检查风扇是否正常工作,保证工作温度在55~60 ℃以下。定期清理风道过滤器,保持通风良好。

(8)及时更换数控装置的存储器(RAM)电池。一般情况下,数控装置对随机存取存储器(CMOS RAM)的电池设有充电电路和自动测定报警功能,及时或定期(每年)更换才能保证系统在未通电期间继续保持RAM中的参数和程序等数据。更换电池时,必须在系统通电的情况下进行,以防拔掉电池时丢失数据。

(9)不能在通电情况下插拔插板、印制电路板、集成块等,也不能经常进行断电插拔。

(10)要定期检查和更换直流电动机的电刷。电刷的过度磨损,会影响电动机的性能,每年应检查一次并及时更换。

(11)正确选用优质刀具,使刀具的锥度、刀柄尺寸及定位槽等均符合要求,以免掉刀而造成事故。

(12)加工工件前必须检测各坐标值,首件加工应在模拟试验后进行。

(13)车床启动后,必须先进行“归零”操作,以建立机床坐标系。长期停机不用时,应每周通电运行一次,每次1 h,以防数据丢失和数控车床受潮。备用电路板长期不用时,应定期装到数控系统中通电运行一段时间,以防受潮、老化。

(14)不能随意拆动车床上的精密测量装置。

(15)不能随意修改车床参数,以免影响车床性能的发挥。

任务三　数控车床的维护与保养

精心维护和保养是保证数控车床保持良好性能状态、延长使用寿命的重要手段，因此数控车床操作人员必须认真执行维护保养制度。数控车床的维护与保养包括日常维护保养和定期维护保养，如表 1-1 所示。

表 1-1　数控车床的维护与保养一览表

序号	检查周期	检查部位	检查要求
1	每天	导轨、润滑系统	润滑油箱油量充足，油泵工作良好，导轨表面光洁，润滑充分
2		主轴箱	润滑油量充足，温度范围合适
3		气源、分水器、空气干燥器	系统压力正常，及时清理分水器中的水分，保证空气干燥器正常工作
4		车床液压系统	油箱液面高度合适，油泵工作正常、无噪声，压力表指示压力正常，系统无泄漏
5	每天	车床输入/输出单元	光电阅读机等工作正常
6		电柜及各种防护装置	电柜风扇工作正常，风道无堵塞，通风良好，各防护装置无松动，安全有效
7	每周	各电柜过滤网	清洗黏附的灰尘，保持过滤网干净、畅通
8	不定期	冷却液箱与排屑器	保持正常的液面高度，太脏时要更换冷却液，清理、更换过滤器，清理切屑，检查有无卡住，等等
9	半年	主轴驱动皮带	按说明书要求调整，松紧适度
10		液压油路	清洗液压阀、油箱，更换或过滤液压油，更换滤芯
11		各轴导轨上的镶条，压紧滚轮	固定牢靠，压紧力适当

续表

序号	检查周期	检查部位	检查要求
12	每年	电动机碳刷	检查表面,去除毛刺,吹净碳粉,若磨损过度则应及时更换
13		主轴箱	清洗、更换润滑油及过滤器
14		润滑系统	检测、清洗油泵、油池、过滤器,更换油液
15		滚珠丝杠	清洗旧润滑脂,涂上新油脂

项目二　华中“世纪星”数控系统操作说明

学思课堂

华中“世纪星”数控系统是目前应用较为广泛的数控系统之一，也是我国自主研制开发的较为先进的一种数控操作系统。华中“世纪星”HNC-21T 是基于计算机的车床 CNC 数控装置，是武汉华中数控股份有限公司在国家“八五”“九五”科技攻关重大科技成果——华中Ⅰ型高性能数控装置的基础上，为满足市场需求而开发的高性能经济型数控装置。

党的二十大报告提出“实施产业基础再造工程和重大技术装备攻关工程”，在当今社会飞速发展的背景下，自主创新和掌握一些核心技术较为关键。在国家加快数控车床产业化的大前提下，学生应主动学习我国数控技术方面的发展历程，通过一些大国工匠的案例，了解传承工匠精神的意义，增强时代责任感；了解国家的发展，知道国家的需要，更好地激发学习的主动性，提高学习的热情，从而更好地学习专业知识，摆正学习方向和端正态度。学生通过学习数控系统操作，应培养热爱专业、热爱生活的态度，应主动进行实际操作，以实际行动展现大国工匠勇于创新、不怕困难的精神，从点滴开始学习和传承工匠精神。

学习目标

(1)了解华中“世纪星”数控系统的相关内容。

(2)掌握系统的软件操作界面和基本操作。

(3)认识零件程序的结构，为后续数控编程的学习奠定基础。

任务一　熟悉操作装置

一、系统介绍

华中“世纪星”HNC-21T是基于嵌入式工业PC的开放式数控系统，配备高性能32位微处理器、内装式PLC（可编程逻辑控制器）及彩色LCD（液晶显示器），采用国际标准G代码编程，与各种流行的CAD/CAM（计算机辅助设计/计算机辅助制造）自动编程系统兼容。

操作装置是操作人员与数控车床（系统）进行交互的工具。一方面，操作人员可以通过它对数控车床（系统）进行操作、编程、调试或对数控车床参数进行设定和修改；另一方面，操作人员也可以通过它了解或查询数控车床（系统）的运行状态，它是数控车床特有的一个输入/输出部件。

操作装置主要由显示器、NC（数字计算机控制）键盘（其功能类似于计算机键盘的按键阵列）、机床控制面板（Machine Control Panel，MCP）、状态灯、手持单元等部分组成。

相对于国内外其他同等档次的数控系统，华中“世纪星”系列数控系统（HNC-2IT）具有以下5个鲜明的特点。

（1）高可靠性。选用嵌入式工业PC，全密封防静电面板结构，具有超强的抗干扰能力。

（2）高性能。最多控制轴数为4个进给轴和1个主轴，支持4轴联动；全汉字操作界面、故障诊断与报警、多种形式的图形加工轨迹显示和仿真，操作简便，易于掌握和使用。

（3）低价位。与其他国内外同等档次的普及型数控系统相比，华中“世纪星”系列数控系统的性能、价格比较高。如果配套选用华中数控的全数字交流伺服驱动和交流永磁同步电动机、伺服主轴系统等，数控系统的整体价格只有国外同档次产品的1/3~1/2。

（4）配置灵活。可自由选配各种类型的脉冲接口、模拟接口交流伺服驱动单元或步进电动机驱动单元；除标准机床控制面板外，配置40路光电隔离开关量输入接口和32路功率放大开关量输出接口、手持单元接口、主轴控制接口与编码器接口，还可扩展远程128路输入/128路输出端子板。

（5）真正的闭环控制。华中“世纪星”系列数控系统配置交流伺服驱动器和伺服电动机时，伺服驱动器和伺服电动机的位置信号会实时反馈到数控单元，由数控单元对它们的实际运行全过程进行精确的闭环控制。

华中“世纪星”数控系统目前已广泛用于车、铣、磨、锻、齿轮、仿形、激光加工、纺织、医疗等设备，适用的领域有数控车床配套、传统产业

改造、数控技术教学等。

二、操作台结构

华中“世纪星”HNC-21T 车床数控装置操作台为标准固定结构，其结构美观、体积小巧，外形尺寸为 420 mm×310 mm×110 mm（宽×高×深）。华中“世纪星”HNC-21T 车床数控装置操作台如图 2-1 所示。

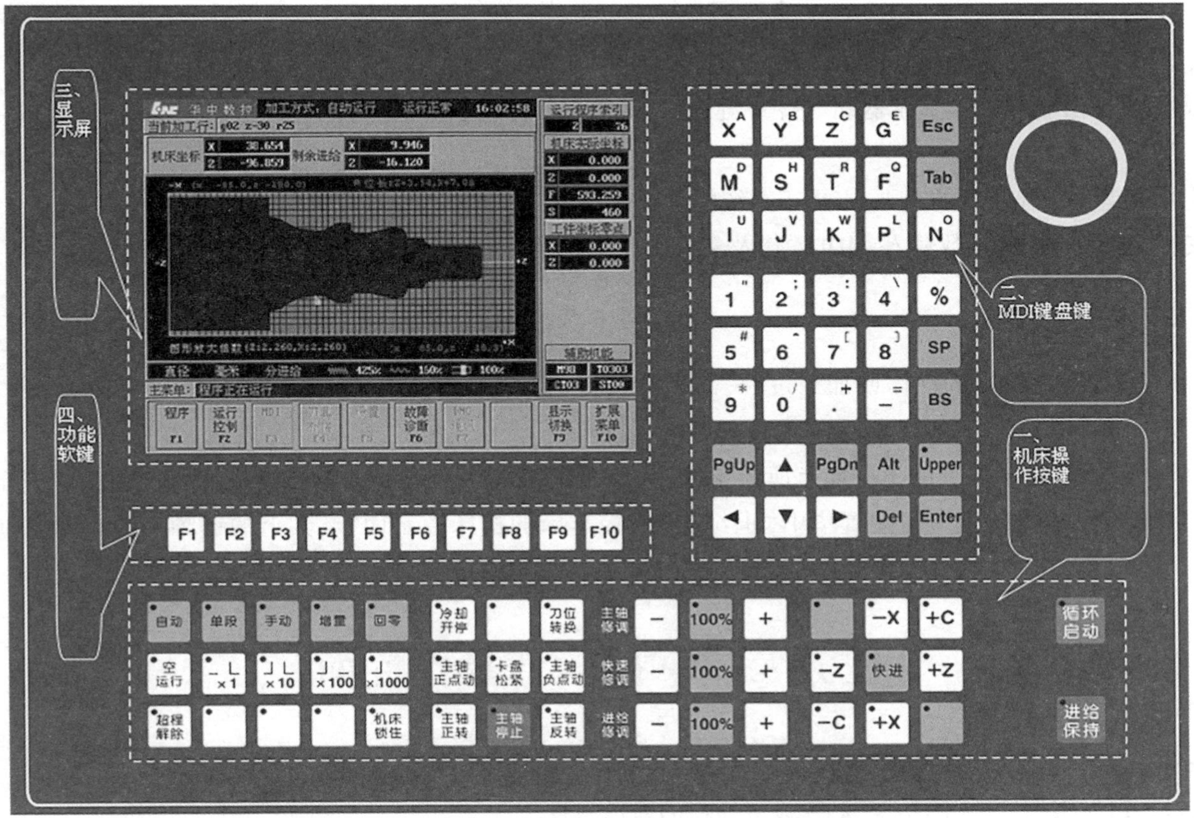

图 2-1　华中“世纪星”HNC-21T 车床数控装置操作台

三、显示器

操作台的左上部为7.5 in(1 in=2.54 cm)彩色液晶显示屏(分辨率为640 px×480 px),用于汉字菜单、系统状态、故障报警的显示和加工轨迹的图形仿真。

四、NC键盘

NC键盘包括精简型MDI(手动输入程序控制模式)键盘和“F1～F10”10个功能键。

标准化的字母数字式MDI键盘介于显示器和“急停”键之间,其中大部分键盘具有上挡键功能,当“Upper”键有效(指示灯亮)时,输入的是上挡键。

“F1～F10”10个功能键位于显示器的正下方,用于系统的菜单操作。

MDI键盘用于零件程序的编制、参数输入、MDI操作及系统管理操作等。

五、机床控制面板(MCP)

机床控制面板用于直接控制机床的动作或加工过程,其多数按键(除“急停”键外)位于操作台的下部;“急停”键位于操作台的右上角。

MCP上的键一般会因所配机床类型的不同而有所差异,即数控车床、数控铣床、加工中心的机床控制面板不完全相同,甚至同是数控车床,其上的键也可能有细微的差别。但配置华中“世纪星”数控车床的机床控制面板,其上的键种类及布局差别很小,详细说明见附录1。

任务二　掌握软件操作界面

华中“世纪星”HNC-21T车床的软件操作界面如图2-2所示,其界面由如下10部分组成。

(1)图形显示窗口。可以根据需要,用功能键F9设置窗口的显示内容。

(2)菜单命令条。通过菜单命令条中的功能键“F1～F10”来完成系统功能的操作。

(3)运行程序索引。显示自动加工中的程序名和当前程序段行号。

(4)选定坐标系下的坐标值。坐标系可在机床坐标系、工件坐标系与相对坐标系之间切换;显示值可在指令位置、实际位置、剩余进给、跟踪误差、负载电流与补偿值之间切换(负载电流只对 11 型伺服有效)。

(5)工件坐标零点。工件坐标零点指机床坐标系下的坐标。

(6)辅助机能。自动加工中的 M、S、T 代码;当前刀位 CT、选择刀位 ST。

(7)当前加工行。当前正在或将要加工的程序段。

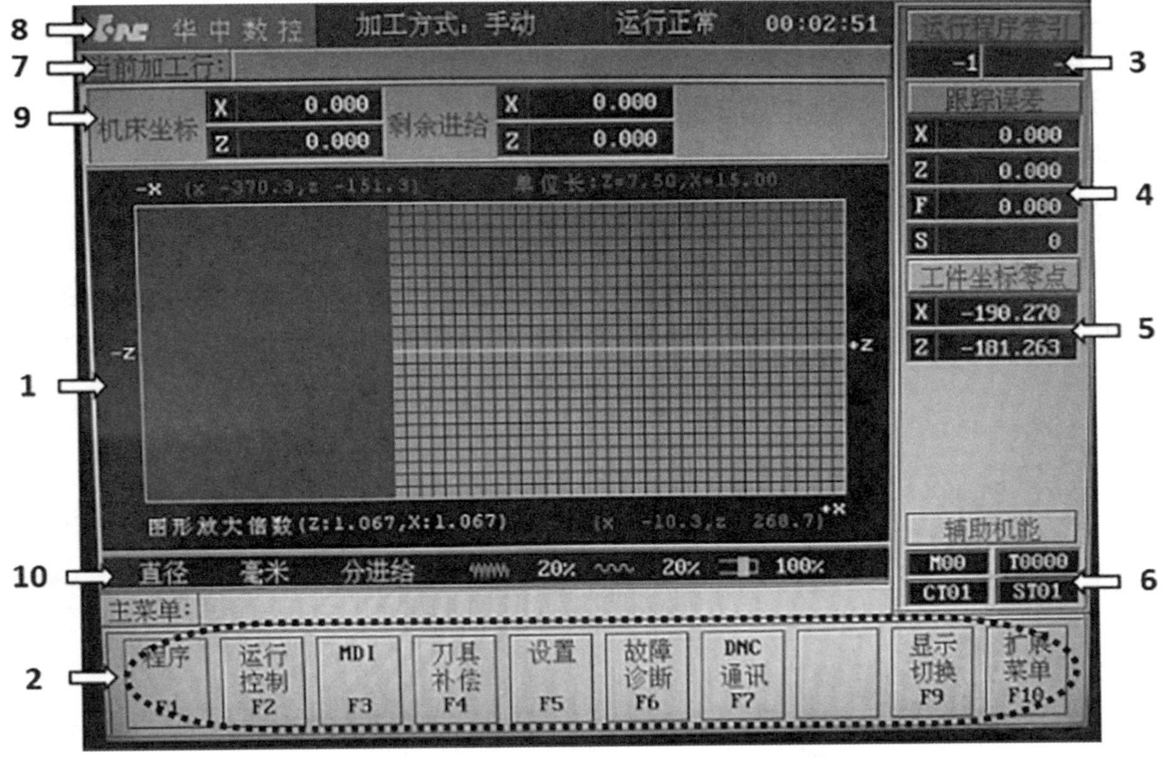

图 2-2　华中“世纪星”HNC-21T 车床的软件操作界面

(8)当前加工方式、系统运行状态及系统时钟。

1)当前加工方式:系统工作方式根据机床控制面板上相应按键的状态,可在自动(运行)、单段(运行)、手动(运行)、增量(运行)、回零、急停和复位等之间切换。

2)系统运行状态:系统工作状态在“运行正常”和“出错”之间切换。

3)系统时钟:显示当前系统时间。

(9)机床坐标、剩余进给。

1)机床坐标:显示刀具当前位置在机床坐标系下的坐标。

2)剩余进给:表示当前程序段的终点与实际位置之差。

(10)倍率修调是在一定范围内改变程序中所定义的进给速度及转速的大小。

1)主轴修调:当前主轴修调倍率。

2)进给修调:当前进给修调倍率。

3)快速修调:当前快进修调倍率。

操作界面中最重要的一部分是菜单命令条。系统功能的操作主要通过菜单命令条中的功能键“F1~F10”来完成。由于每个功能包括不同的操作,因此菜单采用层次结构,即在主菜单下选择一个菜单项后,数控装置会显示该功能下的子菜单。用户可根据子菜单的内容选择所需的操作。

任务三　掌握基本操作

本任务主要介绍数控车床、数控装置的上电、复位、回参考点、急停、超程解除、关机等基本操作。

一、上电

(1)检查数控车床状态是否正常。

(2)检查电源电压是否符合要求,接线是否正确。

(3)按下机床控制面板上的“急停”键。

(4)数控车床上电。

(5)数控装置上电。

(6)检查风扇电机运转是否正常。

(7)检查面板上的指示灯显示是否正常。

接通数控装置电源后,华中“世纪星”HNC-21T 自动运行系统软件。此时,液晶显示器上显示工作方式为“急停”。

若一切正常,则可以进行下面的操作。

二、复位

若在开机过程中按下了“急停”键,则系统上电进入软件操作界面时,系统初始模式显示为“急停”,为使数控系统运行,需顺时针旋转机床控制面板上的“急停”键使其松开,使系统复位,并接通伺服电源。系统依方式选择按键的状态而进入相应的工作方式,软件操作界面的上方显示相应的工作方式。

然后,数控车床操作者可按软件操作界面的菜单提示,运用 NC 键盘上的功能键、MDI 键和机床控制面板上的操作键,进行后续的手动回参考点、点动进给、增量(步进)进给、手摇进给、自动运行、手动机床动作控制等操作。

三、回参考点

数控车床在自动方式和 MDI 方式下正确运行的前提是建立机床坐标系,为此在数控系统接通电源、复位后,紧接着应进行车床各轴手动回参考点的操作(在使用绝对式测量装置时,可不回参考点)。

此外,数控车床断电后再次接通数控系统电源、超程报警解除以后及“急停”按钮解除以后,一般也需要进行再次回参考点操作,以建立正确的机床坐标系。未回参考点之前,数控车床只能手动操作。

回参考点的操作方法如下。

(1)如果数控系统显示的当前工作方式不是“回零”方式,则应按下控制面板上的“回零”键,以确保系统处于“回零”方式。

(2)根据 X 轴机床参数“回参考点方向”,按下“+X”(“回参考点方向”为“+”)或“-X”(“回参考点方向”为“-”)键。X 轴回到参考点后,“+X”或“-X”键内的指示灯亮。

(3)用同样的方法,使用“+Z”“-Z”键,使 Z 轴回参考点。

在所有轴回参考点后，即建立了机床坐标系。此时，操作者可正确地控制车床自动或MDI运行。

【注意】

(1)在每次电源接通后，必须先完成各轴的返回参考点操作，然后再进入其他运行方式，以确保各轴坐标的正确性。

(2)同时按下 X、Z 轴向选择键，可使 X、Z 轴同时返回参考点。

(3)在数控车床返回参考点前，应确保“回零”轴位于参考点的“回参考点方向”相反侧(如 X 轴的回参考点方向为负，则数控车床返回参考点前，应保证 X 轴当前位置位于参考点的正向侧)，否则，应手动移动该轴直到满足此条件为止。

(4)在数控车床返回参考点过程中，若出现超程，应按下机床控制面板上的“超程解除”键，并向相反方向手动移动该轴，使其退出超程状态。

四、急停

数控车床运行过程中，在危险或紧急情况下，应按下“急停”键，使CNC进入“急停”状态，这时伺服进给及主轴运转立即停止工作(控制柜内的进给驱动电源被切断)；在故障排除后，可松开“急停”键(左旋此按钮，自动跳起)，使CNC进入“复位”状态。

解除紧急停止状态前，应先确认故障原因是否排除，且紧急停止状态解除后应重新执行回参考点操作，以确保坐标位置的正确性。

【注意】

在上电和关机之前应按下“急停”键，以减少设备电冲击。

五、超程解除

在伺服轴行程的两端各有一个极限开关，作用是防止伺服机构碰撞而损坏。每当伺服机构碰到行程两端的极限开关时，就会出现超程。当某轴出现超程(“超程解除”键内指示灯亮)时，系统视其状况为紧急停止，要退出超程状态时，必须按以下要求操作。

(1)松开“急停”键，设置工作方式为“手动”方式或“手摇”方式。

(2)一直按压“超程解除”键(数控系统会暂时忽略超程的紧急情况)。

(3)在手动(手摇)方式下，使该轴向相反方向移动，退出超程状态。

(4)松开“超程解除”键。

若显示屏上运行状态栏显示“运行正常”取代了“出错”，则表示已退出超程状态，数控系统恢复正常状况，可以继续操作。

【注意】

在操作数控车床退出超程状态时，应务必注意其移动方向及移动速率，以免发生机械撞机。

六、结束加工关机

(1)按下机床控制面板上的“急停”键，断开伺服电源。

(2)断开数控装置电源。

(3)断开数控车床电源。

在一天的加工结束后应进行加工现场的清理。若全部零件加工完毕，还应对所有的工具、量具、工装、加工程序及工艺文件等进行整理。

任务四　零件程序的结构

数控车床的加工程序是由一组被传送到数控装置中，且能被数控车床识别的指令和数据组成的。一个零件程序是一组被传送到数控装置中的指令和数据，是由遵循一定结构、句法和格式规则的若干个程序段组成的，而每个程序段是由若干个指令字组成的，如图 2-3 所示。

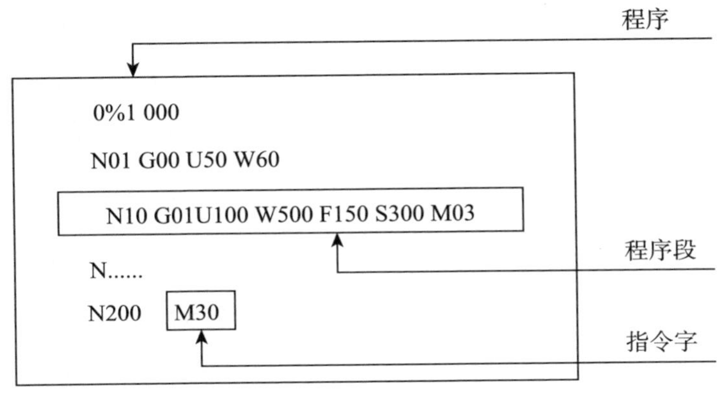

图 2-3　零件程序的结构

一、指令字的格式

一个指令字是由地址符(指令字符)和带符号(如定义尺寸的字)或不带符号(如准备功能字 G 代码)的数字数据组成的。程序段中不同的指令字符及其后续数值确定了每个指令字的含义。在数控程序段中包含的主要指令字符如表 2-1 所示。

表 2-1　主要指令字符

功　能	地　址	意　义
程序号	%(或 O)	程序编号%(或 O)0001~9 999
程序段号	N	程序段的名称 N0~9 999
准备功能字	G	指令动作方式(直线、圆弧等)G00~99
尺寸字	X,Y,Z	坐标轴的移动命令 ±99 999.999
	A,B,C	
	U,V,W	
	R	圆弧的半径,固定循环的参数
	I,J,K	圆心相对于起点的坐标,固定循环的参数
进给功能字	F	用于指定切削的进给速度 F0~24 000
主轴转速功能字	S	用于指定主轴的旋转速度 S0~9 999
刀具功能字	T	用于指定加工时所用刀具的编号 T0~99
辅助功能字	M	用于控制数控车床和系统的辅助装置的开关动作 M00~99
补偿号	D,H	刀补号的指定 00~99

续表

功　能	地　址	意　义
暂停	P,X	暂停时间的指定
程序号的指定	R	子程序号的指定 P00 001~9 999
重复次数	L	子程序的重复次数,固定循环的重复次数
参数	P,Q,R	固定循环的参数

二、程序段的格式

一组一步一步的顺序指令称为程序段。程序是由一系列加工的一组程序段组成的,用于区分每个程序段的号称为顺序号,用于区分每个程序的号称为程序号。一个程序段从识别程序段的顺序号开始而以程序段结束代码结束,本书用“;”表示程序段结束代码。程序段的格式定义了每个程序段中功能字的语法,程序段结构如图 2-4 所示。

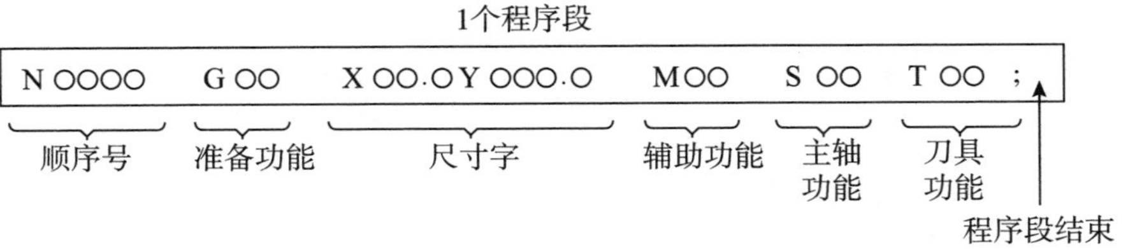

图 2-4　程序段结构

三、程序的一般结构

一个零件程序必须包括起始符和结束符,且是按程序段的输入顺序执行的,而不是按程序段号的顺序执行的。在书写程序时,应按升序方式书写程序段号。

华中“世纪星”数控系统的程序结构如下：

程序起始符：%（或 O）符，%（或 O）后跟 4 位程序号。

程序主体。

程序结束指令：用 M02 或 M30 表示。

注释符：括号（ ）内或分号（；）后的内容为注释文字。

四、程序的文件名

CNC 装置可以装入许多程序文件，以文件的方式读写。文件名格式如下（区别于 DOS 的其他文件名）：

O××××（地址 O 后面必须有四位数字或字母）。

华中“世纪星”数控系统通过调用文件名来调用程序，进行加工或编辑。

项目三　数控加工工艺与编程基础知识

学思课堂

党的二十大报告指出："加快建设国家战略人才力量，努力培养造就更多大师、战略科学家、一流科技领军人才和创新团队、青年科技人才、卓越工程师、大国工匠、高技能人才。"数控加工实训担负着培养制造技术人才的重要使命，关乎国家发展战略乃至国家治理目标的有效实现。因此，教师用好实训中心大舞台，以数控加工为切入点，引导学生了解世界与中国制造业发展趋势，培育专业志趣，注重工程人物先进事迹的引领作用，通过零件分析—制定零件加工工艺—编制零件加工程序—程序调试校验—零件试切加工—分析加工结果—修改工艺方案及程序—零件加工—质量检验—车床维护保养等整个加工过程，掌握数控加工工艺与编程理论和实践知识相结合尤为重要。通过基础知识的温故，学生在进行专业知识学习和技能训练的同时，提升综合素养，为中国特色社会主义事业储备更多的专业技能。

学习目标

(1)了解数控车床的定义、组成及工作原理。

(2)熟悉数控程序编制的方法、数控车床的辅助功能和各种指令。

(3)能够熟练运用数控车床的各种指令进行编程。

任务一　了解数控车床

数控是数字控制(Numerical Control,NC)的简称,即采用数字化信号对车床运动及其加工过程进行控制的一种方法。装备数控系统的车床称为数控车床,也称 NC 车床。数控车床是综合运用计算机技术(Computer technique)、自动控制技术(Auto control)、精密测量(Precision)和机械设计(Machine design)等发展起来的一种典型的机电一体化产品。

一、数控车床的定义

1952 年,美国的帕森公司和麻省理工学院率先研制成功世界第一台数控车床。数控车床定义为:一种以数字量作为指令信息形式,通过专用或通用的电子计算机控制的机床。也可以说,数控车床是在数控系统的控制下,准确按事先设置的工艺流程,自动地实现规定加工动作的金属切削机床。

二、数控车床的组成及工作原理

数控车床一般由控制介质、计算机数控装置、伺服驱动系统、辅助控制装置、反馈系统和机床本体组成。数控车床的系统组成框图如图 3-1 所示。

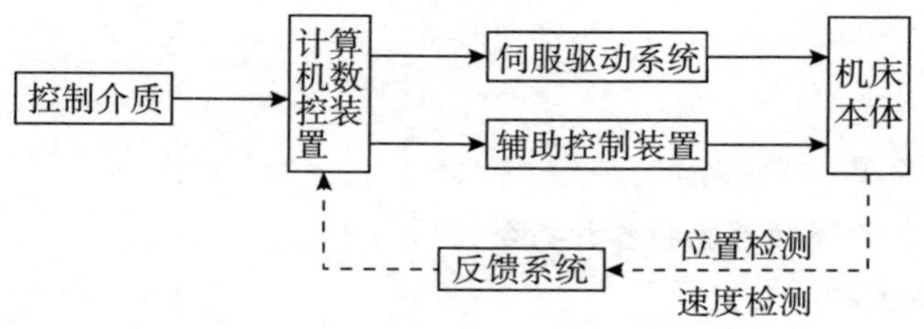

图 3-1　数控车床的系统组成框图

(一)控制介质

数控车床是在数控系统的自动控制下工作的,数控车床在工作时,所需要的各种控制信息要靠某种中间载体携带和传输,这种载体称为

控制介质。控制介质有穿孔纸带、磁盘、磁带等。

(二)计算机数控装置

计算机数控装置是数控车床的控制中心,由输入装置、控制器、运算器、存储器和输出装置等组成。

(1)输入装置。输入装置用于进行译码转换,将数字信息(与运动轨迹有关的数字)送入运算器进行插补运算,将开关信息(主轴启停、变速,换刀指令,润滑及冷却液电机启停)送入控制器。

(2)控制器。控制器按输入信息对数控装置进行统一协调和指挥。

(3)运算器。运算器又称插补器,功能是进行插补运算,算出刀具做轨迹运动时所需要的一系列中间位置数值。

(4)存储器。存储器包括只读存储器(ROM)和随机存储器(RAM)两类。系统程序存放在只读存储器 EPROM 中,由计算机数控装置生产厂家固化,即使断电,系统程序也不会丢失;该程序只能被 CPU 读出,不能写入;必要时应擦除后再重写。

(5)输出装置。输出装置将插补器计算出来的刀具运动轨迹信息顺序地以脉冲或电压模拟量的形式输出。

(三)伺服驱动系统

伺服驱动系统的作用是把来自计算机数控装置的运行指令转变为车床移动部件的运动,以加工出符合图样要求的工件。伺服驱动系统由伺服控制电路、功率放大电路和伺服电动机组成,常用的伺服电动机有步进电动机、直流伺服电动机和交流伺服电动机等。

(四)辅助控制装置

辅助控制装置将计算机数控装置送来的辅助控制指令,经车床接口电路转换成强电信号,用于控制主轴电动机的运行及其他辅助动作。

(五)反馈系统

反馈系统将车床执行件(工作台、刀架)移动的实际位置、速度参数检测出来,反馈系统将其转换成电信号,并反馈回数控装置,纠正误差。

(六)机床本体

数控车床的本体必须能够保证数控装置和伺服系统的功能很好地实现。因此,与通用机床相比,数控车床的本体结构具有以下特点。

(1)由于采用了高性能的主轴及伺服传动系统,所以数控车床的机械传动结构大为简化,如在机床传动系统中出现了电动机直接与主轴制成一体的电主轴结构。

(2)为适应连续地自动加工,数控车床的机械传动结构有较高的动态刚度和阻尼精度,较高的耐磨性而且热变形小。

(3)为减小摩擦,提高传动精度,更多地采用效率较高的传动部件,如滚珠丝杠螺母副和直线滚动螺母副。

三、数控车床的特点与分类

（一）数控车床的特点

1. 良好的柔性和广泛的通用性

在数控车床上改变加工对象时，只需要重新编制相应的加工程序，并输入数控系统中，就能实现新工件的加工，满足市场竞争的需要。可见，数控车床比较容易实现加工工件的转换，为单件、小批量及试制新产品的加工创造了有利的条件。同时，数控系统的强大处理功能，可使车床加工工件的运动在几个方向联动，解决了工件复杂表面的加工难题。

2. 更高的加工精度和稳定的加工质量

数控车床是按照程序指令工作的，其指令脉冲当量普遍可达 0.001 mm/脉冲，进给传动链采用间隙消除措施，并可对反向间隙和丝杠螺距误差进行自动补偿，所以可获得较高的加工精度。数控车床上的加工是自动完成的，可以避免人为操作误差，使精度和效率都得到提高，且加工工件的尺寸一致性好，重复精度高、加工质量稳定。

3. 较高的生产率

数控车床的适应性强，生产准备简单，一般不需要复杂的工艺装备，当生产对象改变时，只需改变程序，就能实现自动加工，缩短了生产准备周期；对可换刀的加工中心，在一台机床上实现多工序连续加工，即可极大地提高生产率。因此，解决了工业上长期多品种、小批量生产的自动化问题。

同时，数控车床的功率和车床刚度都比通用机床高，允许进行大切削用量的强力切削；主轴和进给都采用无级变速，可达到最佳切削用量，有效地缩短了切削时间。

4. 减轻劳动强度，改善劳动条件

数控车床加工的自动、连续性，使操作者不需要进行具体的加工操作，从而相应地改善了工作人员的劳动强度。

5. 有利于生产管理的现代化

用计算机控制生产是管理现代化的重要手段，数控车床计算机控制为计算机辅助设计、制造以及管理一体化奠定了基础。

数控车床的价格还比较昂贵，目前主要适用于加工精细要求高、形状比较复杂、要求频繁改型的小批量生产的工件。但随着数控车床成本的不断下降和数控技术的日益改善、普及，数控车床的使用范围逐渐增大，并在机械加工中被普遍采用。

（二）数控车床的分类

数控车床的种类很多，可以按不同的方式对数控车床进行分类，如按加工工艺分类、按运动方式分类和按控制方式分类等，如表 3-1 所示。

表 3-1　数控车床的分类

分类方式	类　型	说　明
按加工工艺分类	普通数控车床	一般是指在加工工艺过程中的一个工序上实现数字控制的自动化机床，如数控铣床、数控车床、数控钻床、数控磨床与数控齿轮加工机床等。普通数控车床在自动化程度上还未完善，刀具的更换与零件的装夹仍需人工来完成
	加工中心	带有刀库和自动换刀装置的数控车床，它将数控铣床、数控镗床、数控钻床的功能组合在一起，零件在一次装夹后，可以将其大部分加工面进行铣削
按运动方式分类	点位控制数控车床	数控系统只控制刀具从一点到另一点的准确位置，而不控制运动轨迹，各坐标轴之间的运动是不相关的，在移动过程中不对工件进行加工。点位控制数控车床主要有数控钻床、数控坐标镗床、数控冲床等
	直线控制数控车床	数控系统除控制点与点之间的准确位置外，还要保证两点间的移动轨迹为一条直线，并且对移动速度也要进行控制，也称点位直线控制。直线控制数控车床主要有比较简单的数控车床、数控铣床、数控磨床等。单纯用于直线控制的数控车床已不多见
	轮廓控制数控车床	能够对两个或两个以上的运动坐标的位移和速度同时进行连续相关的控制，它不仅要控制机床移动部件的起点与终点坐标，而且要控制整个加工过程中每一点的速度、方向和位移量，也称连续控制数控车床。轮廓控制数控车床主要有数控车床、数控铣床、数控线切割机床、加工中心等
按控制方式分类	开环控制数控车床	不带位置检测反馈装置，通常用步进电动机作为执行机构。输入数据经过数控系统的运算，发出脉冲指令，使步进电动机转过一个步距角，再通过机械传动机构转换为工作台的直线移动，移动部件的移动速度和位移量由输入脉冲的频率和脉冲个数所决定
	半闭环控制数控车床	在电动机的端头或丝杠的端头安装检测元件(如感应同步器、光电编码器等)，通过检测其转角来间接检测移动部件的位移，然后反馈到数控系统中。由于大部分机械传动环节不包含在系统闭环环路内，所以可获得较稳定的控制特性。其控制精度虽不如闭环控制数控车床，但调试比较方便，因而被广泛采用
	闭环控制数控车床	这类数控车床带有位置检测反馈装置，其位置检测反馈装置采用直线位移检测元件，直接安装在机床的移动部件上，将测量结果直接反馈到数控装置中，通过反馈可消除从电动机到机床移动部件整个机械传动链中的传动误差，最终实现精确定位

四、数控车床的发展及计算机集成制造系统

(一)数控车床的发展

目前,数控技术正在发生根本性的变化,由专用型封闭式开环控制模式向通用型开放式实时动态全闭环控制模式发展。

直线电动机、并联机床与环保型机床的不断出现,使数控车床的发展进入一个新的阶段。

直线电动机是利用电能直接产生直线运动的电动机。其工作原理类似于相应的旋转式电动机,结构上则可看作由相应的旋转式电动机沿径向切开、拉直演变而成。直线电动机包括定子和转子两个主要部分。在电磁力作用下,转子带动外界负载运动做功。在需要直线运动的场合,采用直线电动机可使装置的总体结构得到简化,多用于各种定位系统和自动控制系统。大功率的直线电动机可用于电气铁路高速列车的牵引及鱼雷的发射等装置。

直线电动机按原理分为直流直线电动机、交流直线异步电动机、直线步进电动机和交流直线同步电动机,其中前3种应用较多。

(二)柔性制造系统

柔性制造系统是一种具有柔性自动化加工功能,并能实现工件及其他与加工有关的物流在加工过程中的柔性自动输送、搬运和存储的智能化加工系统。

柔性制造系统由以下系统组成。

(1)加工系统。加工系统是以数控加工中心为主体的一般加工单元,是用于完成工件加工工序的子系统。

(2)物流系统。物流系统通常由工业机器人、无人输送小车及自动仓库等组成,完成工件及毛坯的自动搬运和储藏任务。

(3)刀具流系统。刀具流系统担负系统所需的加工刀具的运输和保存。

(4)信息流系统。信息流系统通常由一台或多级计算机管理控制系统组成,它对整个柔性制造系统实施全面管理和调度,以保证柔性制造系统柔性化、自动化的高效运行。

(三)计算机集成制造系统

计算机集成制造系统是指在柔性制造技术、计算机技术、信息技术、自动化技术和现代管理科学的基础上,将制造工厂的全部生产、经营活动所需的各种自动化系统,通过新的生产管理模式、工艺理论和计算机网络有机地集成起来,以获得适用于多品种、中小批量生产的高效益、高柔性和高质量的智能制造系统。计算机集成制造系统不仅是各种设备的集成,而且主要是信息系统的集成。集成化不仅要通过计算机网络来实现,而且必须采用新的生产方式、方法和战略。

任务二　掌握数控程序编制

编制数控加工程序是使用数控车床的一项重要技术工作，理想的数控程序不仅应该保证加工出符合零件图样要求的合格零件，还应该使数控车床的功能得到合理的应用与充分的发挥，使数控车床能安全、可靠、高效地工作。

一、数控程序编制的内容及步骤

数控程序编制是指从零件图纸到获得数控加工程序的全部工作过程。编程工作的流程如图 3-2 所示。

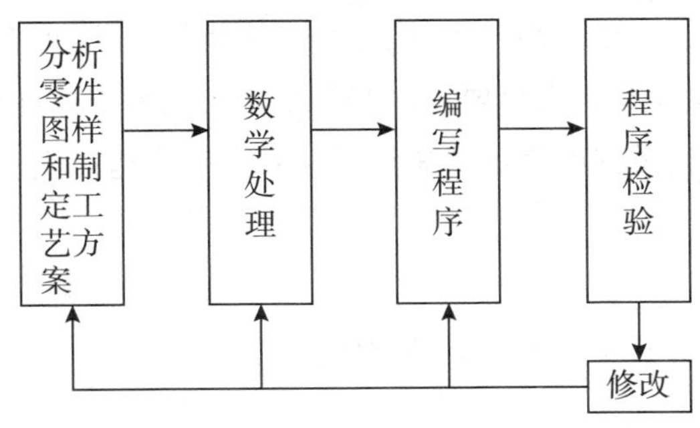

图 3-2　编程工作的流程

（一）分析零件图样和制定工艺方案

分析零件图样和制定工艺方案工作的内容包括：对零件图样进行分析，明确加工的内容和要求；确定加工方案；选择适合的数控车床；选择或设计刀具和夹具；确定合理的走刀路线及选择合理的切削用量；等等。这一工作要求编程人员能够对零件图样的技术特性、几何形状、尺寸及工艺要求进行分析，并结合数控车床使用的基础知识，如数控车床的规格、性能、数控系统的功能等，确定加工方法和加工路线。

（二）数学处理

在确定了工艺方案后，就需要根据零件的几何尺寸、加工路线等，计算刀具中心运动轨迹，以获得刀位数据。数控系统一般均具有直线插补与圆弧插补功能，对于加工由圆弧和直线组成的较简单的平面零件，只需要计算出零件轮廓上相邻几何元素交点或切点的坐标值，得出

各几何元素的起点、终点、圆弧的圆心坐标值等,即可满足编程要求。当零件的几何形状与控制系统的插补功能不一致时,就需要进行较复杂的数值计算,一般需要使用计算机辅助计算,否则难以完成。

(三)编写程序

在完成上述工艺处理及数值计算工作后,即可编写零件加工程序。程序编制人员使用数控系统的程序指令,按照规定的程序格式,逐段编写加工程序。程序编制人员只有对数控车床的功能、程序指令及代码十分熟悉,才能编写出正确的加工程序。

(四)程序检验

将编写好的加工程序输入数控系统,即可控制数控车床的加工工作。一般在正式加工之前,要对程序进行检验。通常可采用机床空运转的方式,来检查机床动作和运动轨迹的正确性,以检验程序。在具有图形模拟显示功能的数控车床上,可通过显示走刀轨迹或模拟刀具对工件的切削过程,对程序进行检查。对于形状复杂和要求高的零件,也可采用铝件、塑料或石蜡等易切材料进行试切来检验程序。通过检查试件,不仅可确认程序是否正确,还可确认加工精度是否符合要求。若能采用与被加工零件材料相同的材料进行试切,则更能反映实际加工效果。当发现加工的零件不符合加工技术要求时,可修改程序或采取尺寸补偿等措施。

二、数控程序编制的方法

数控程序的编制方法主要有两种,即手工编制程序和自动编制程序。

(一)手工编制程序

手工编制程序是指主要由人工来完成数控编程中各个阶段的工作,手工编制程序的流程如图 3-3 所示。

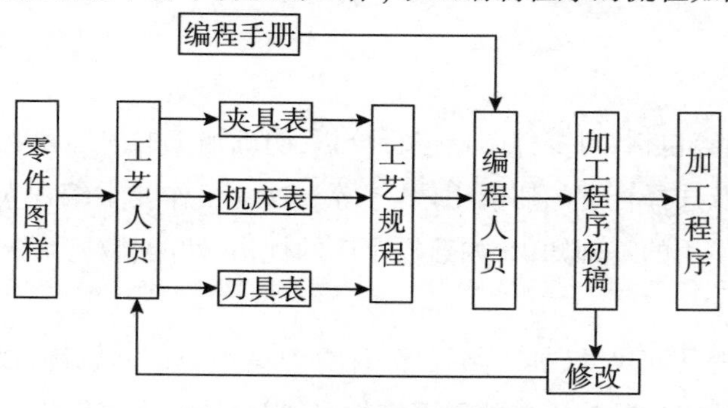

图 3-3　手工编制程序的流程

一般对几何形状不太复杂的零件，所需的加工程序不长，计算比较简单，用手工编制程序比较合适。

手工编制程序的特点是，耗费时间较长，容易出现错误，无法胜任复杂形状零件的编程。据国外资料统计，当采用手工编程时，一段程序的编写时间与其在机床上运行加工的实际时间之比，平均约为 30∶1，而数控车床不能开动的原因有 20%～30% 是由于加工程序编制困难，编程执行时间较长造成的。

（二）自动编制程序

自动编制程序是指在编程过程中，除分析零件图样和制定工艺方案由人工进行外，其余工作均由计算机辅助完成。

采用计算机自动编程时，数学处理、编写程序、检验程序等工作是由计算机自动完成的，由于计算机可自动绘制出刀具中心运动轨迹，编程人员可及时检查程序是否正确，在有需要时可及时修改，以获得正确的程序，又由于计算机自动编程代替程序编制人员完成了烦琐的数值计算，可提高编程效率几十倍乃至上百倍，故解决了手工编程无法解决的许多复杂零件的编程难题。因此，自动编程的特点就在于编程工作效率高，可解决复杂形状零件的编程难题。

根据输入方式的不同，可将自动编程分为图形数控自动编程、语言数控自动编程和语音数控自动编程等。图形数控自动编程是指将零件的图形信息直接输入计算机，通过自动编程软件的处理，得到数控加工程序。目前，图形数控自动编程是使用最为广泛的自动编程方式。语言数控自动编程是指将加工零件的几何尺寸、工艺要求、切削参数及辅助信息等用数控语言编写成源程序后，输入计算机中，再由计算机进一步处理，得到零件加工程序。语音数控自动编程是指采用语音识别器，将编程人员发出的加工指令声音转变为加工程序。

任务三　数控车削加工工艺分析

一、数控车削加工工艺的主要内容

数控车削加工工艺主要包括以下内容。

（1）选择适合在数控车床上加工的零件，确定工序内容。

（2）分析被加工零件的图纸，明确加工内容及技术要求。

（3）确定零件的加工方案，制定数控车削加工工艺路线，如划分工序、安排加工顺序、处理与非数控加工工序的衔接等。

(4)数控车削加工工序的设计,如选取零件的定位基准、夹具方案的确定、工步划分、刀具选择和确定切削用量等。

(5)数控车削加工程序的调整,如选取对刀点和换刀点、确定刀具补偿及确定加工路线等。

二、数控车削加工工艺分析的定义及主要内容

(一)数控车削加工工艺分析的定义

数控车削加工工艺是指以普通车削加工工艺为基础,结合数控车床的特点,综合运用多方面的知识解决数控车削加工过程中面临的工艺问题,主要内容有分析零件图纸,确定工件在数控车床上的装夹方式,确定各表面的加工顺序和刀具的进给路线,以及刀具、夹具和切削用量的选择,等等。

工艺分析是数控车削加工的前期工艺准备工作。加工工艺制定得合理与否,对程序编制、机床的加工效率和零件的加工精度等都有重要影响。因此,编制加工程序前应遵循一般的工艺原则并结合数控车床的特点,认真而详细地制定零件的数控车削加工工艺。

(二)数控车削加工工艺分析的主要内容

制定车削加工工艺之前,必须首先对被加工零件的图样进行分析,它主要包括以下内容。

1.结构工艺性分析

零件的结构工艺性是指零件对加工方法的适应性,即所设计的零件结构应便于加工成型。在数控车床上加工零件时,应根据数控车削的特点,认真审视零件结构的合理性。在结构工艺性分析时,若发现问题,则应及时向设计人员或有关部门提出修改意见。

2.构成零件轮廓的几何要素

由于设计等各种原因,在图纸上可能出现加工轮廓的数据不充分、尺寸模糊不清及尺寸封闭等缺陷,从而增加编程的难度,因此有时甚至无法编写程序。

当发生以上缺陷时,应向图样的设计人员或技术管理人员及时反映,解决后方可进行程序的编制工作。

3.尺寸公差要求

在确定控制零件尺寸精度的加工工艺时,必须分析零件图样上的尺寸公差要求,从而正确选择刀具及确定切削用量等。

在尺寸公差要求的分析过程中,还可以同时进行一些编程尺寸的简单换算,如中值尺寸及尺寸链的解算等。在数控编程时,通常对零件要求的尺寸取其最大和最小极限尺寸的平均值(中值)作为编程的尺寸依据。

4.形状和位置公差要求

图样上给定的形状和位置公差是保证零件精度的重要要求。在工艺准备过程中除了按其要求确定零件的定位基准和检测基准,并满足

其设计基准的规定外，还可以根据机床的特殊需要进行一些技术性处理，以便有效地控制其形状和位置误差。

5.表面粗糙度要求

表面粗糙度是保证零件表面微观精度的重要要求，也是合理选择机床、刀具及确定切削用量的重要依据。

6.材料要求

图样上给出的零件毛坯材料及热处理要求，是选择刀具（材料、几何参数及使用寿命），确定加工工序、切削用量及选择机床的重要依据。

7.加工数量

零件的加工数量对工件的装夹与定位、刀具的选择、工序的安排及走刀路线的确定等都是不可忽略的参数。

任务四　数控车床的辅助功能

辅助功能也称 M 功能，用于指令数控车床中的辅助装置的开关动作或状态，辅助功能由地址 M 及其后续数字（一般为两位数）组成。数控车床常用功能见附录 2，常用辅助功能见附录 3。M 功能指令常因数控系统生产厂家及机床结构的差异和规格的不同而有所差别。因此，编程人员必须熟悉具体所使用数控系统的 M 功能指令的含义，不可盲目套用。

一、程序暂停指令 M00

当 CNC 执行到 M00 指令时，将暂停执行当前程序，以方便操作者进行刀具和工件的尺寸测量、工件调头、手动变速等操作。在暂停时，机床的主轴、进给及冷却液停止，而全部现存的模态信息保持不变。若要继续执行后续程序，则应重按操作面板上的“循环启动”键。

二、程序结束指令 M02

M02 指令编制在主程序的最后一个程序段中，当 CNC 执行到 M02 指令时，机床的主轴、进给、冷却液全部停止运行，加工结束。结束使用 M02 的程序结束后，若要重新执行该程序，则需再次调用该程序，然后再按操作面板上的“循环启动”键。

三、程序结束并返回到零件程序起点指令 M30

M30 指令和 M02 指令功能基本相同，表示程序结束。不同的是，M30 指令还兼有控制返回到零件程序起点（%）的作用。使用 M30 指令的程序结束后，若要重新执行该程序，则只需再次按操作面板上的“循环启动”键即可。

四、子程序调用指令 M98 及从子程序返回指令 M99

M98 指令用于调用子程序；M99 指令表示子程序结束，执行 M99 指令可使控制返回到主程序。

(1)子程序的格式：

% * * * *

⋮

M99(在子程序的结尾用 M99 指令，以控制执行完该子程序后返回主程序)

(2)调用子程序的格式：

M98 P_ L_(P 为被调用的子程序号、L 为重复调用次数)

【注意】

这里的 P 和 L 指下画线中填入的内容，后面叙述与之类同。

为了进一步简化程序，子程序还可调用另一个子程序，并允许子程序的嵌套。华中“世纪星”HNC-21 T 数控系统还支持带参数的子程序调用。

五、主轴控制指令 M03、M04 和 M05

M03 指令启动主轴，主轴以程序中编制的主轴速度顺时针方向从 Z 轴正向朝 Z 轴负向旋转。

M04 指令启动主轴，主轴以程序中编制的主轴速度逆时针方向旋转。

M05 指令使主轴停止旋转，并且在该程序段中其他指令执行完毕才执行。

六、冷却液控制指令 M08 和 M09

M08 指令用于打开冷却液管道，控制冷却泵的启动。

M09 指令用于关闭冷却液管道。

任务五 主轴功能 S、进给功能 F 和刀具功能 T

一、主轴功能 S

主轴功能 S 控制主轴转速，其后的数值表示主轴速度。由于车床的工件安装在主轴上，所以主轴转速即为工件旋转的速度。

主轴转速的单位根据 G96、G97 指令的不同而不同：

(1)采用 G96 编程时，为恒切削线速度控制，S 之后指定切削线速度，单位为 m/min；

(2)采用 G97 编程时，取消恒切削线速度控制，S 之后指定主轴转速，单位为 r/min。

在恒切削线速度控制时，一般要限制最高主轴转速，如设定超过了最高转速，则要使主轴转速等于最高转速。

S 是模态指令，S 功能只有在主轴速度可调节时有效。

S 所编程的主轴转速可以借助机床控制面板上的主轴倍率开关进行修调。

二、进给功能 F

F 指令表示工件被加工时刀具相对于工件的合成进给速度，F 的单位取决于 G94 指令(每分钟进给量，mm/min)或 G95 指令(主轴每转一转刀具的进给量，mm/r)。

使用下式可以实现每转进给量与每分钟进给量的转化：

$$f_m = f_r \times S$$

式中 f_m——每分钟的进给量(mm/min)；

f_r——每转的进给量(mm/r)；

S——主轴转数(r/min)。

当工作在 G01、G02 或 G03 方式下，编程的 F 值一直有效，直到被新的 F 值所取代为止，而工作在 G00 方式下，快速定位的速度是各轴的最高速度，与所编 F 值无关。

借助机床控制面板上的倍率按键，F 值可在一定范围内进行倍率修调。当执行攻丝循环 G76、G82 和螺纹切削 G32 时，倍率开关失效，进给倍率固定在100%。

【注意】

(1)采用每转进给量方式时,必须在主轴上安装一个旋转编码器。

(2)采用直角坐标编程时,*X* 向进给速度为单位时间内的半径变化量。

三、刀具功能T(T机能)

T代码用于选刀,其后的4位数字分别表示选择的刀具号和刀具补偿号。

数控系统在执行T指令时,首先转动转塔刀架,直到选中了指定的刀具为止。当一个程序段同时包含T代码指令与刀具移动指令时,先执行T代码指令,然后执行刀具移动指令。在执行T代码指令的同时,数控系统自动调入刀补寄存器中的补偿值。

任务六　进给控制指令

一、快速定位指令G00

格式　G00 X_ Z_

说明　X、Z:快速定位终点。

G00指令刀具相对于工件以各轴预先设定的速度,从当前位置快速移动到程序段指令的定位目标点。其一般用于加工前快速定位或加工后快速退刀快移,速度可由面板上的快速修调旋钮修正。

在G90编程时,X、Z为定位终点在工件坐标系中的坐标;在G91编程时,X、Z为定位终点相对于起点的位移量;在G90/G91编程时,U、W均为定位终点相对于起点的位移量。

G00是模态指令,可由G01、G02、G03或G32指令注销。

二、线性进给指令G01

格式　G01 X(U)_ Z(W)_ F_

说明　X、Z:线性进给终点在工件坐标系中的坐标;

F:合成进给速度。

在 G90 编程时,X、Z 为线性进给终点在工件坐标系中的坐标;在 G91 编程时,X、Z 为线性进给终点相对于起点的位移量;在 G90/G91 编程时,U、W 均为线性进给终点相对于起点的位移量。

G01 是模态指令,可由 G00、G02、G03 或 G32 指令注销。

三、圆弧进给指令 G02/G03

格式　G02(G03) X(U)_ Z(W)_ I _ K _(R _)F_

说明　G02:顺时针圆弧插补;

G03:逆时针圆弧插补;

X、Z:圆弧终点坐标;

R:圆弧半径,当圆弧圆心角小于 180°时,*R* 为正值,否则 *R* 为负值;

F:编程的两个轴的合成进给速度。

在 G90 编程时,X、Z 为圆弧终点在工件坐标系中的坐标;在 G91 编程时,X、Z 为圆弧终点相对于圆弧起点的位移量;在 G90/G91 编程时,U、W 均为圆弧终点相对于圆弧起点的位移量。

四、暂停指令 G04

格式　G04 P_

说明　P:暂停时间,单位为 s。

G04 可使刀具作短暂停留,以使工件获得圆整而光滑的表面,该指令除用于切槽及钻、镗孔等工步外,还可用于拐角轨迹控制;G04 在前一程序段的进给速度降到零之后才开始暂停动作,系统在执行含有 G04 指令的程序段时,先执行暂停指令。

G04 是非模态指令,仅在其被规定的程序段中有效。

任务七 循环指令

一、螺纹切削循环指令 G82

格式 G82 X(U)_ Z(W)_ C_ F_

说明 X、Z:绝对值编程时,为螺纹终点坐标;

C:螺纹头数;

F:螺纹导程。

(一)锥螺纹切削循环

格式 G82 X_ Z_ I_ C_ F_

说明 X、Z:绝对值编程时,为螺纹终点的坐标;

I:螺纹起点 B 与螺纹终点 C 的半径差,其符号为差的符号(无论绝对值编程还是增量值编程);

C:螺纹头数,值为 0 或 1 时表示是切削单头螺纹;

F:螺纹导程。

(二)直螺纹切削循环

格式 G82 X_ Z_ R_ E_ I_ P_ F_

在有退刀槽的工件中指令格式简化为 G82 X_ Z_ L_ F_

说明 X、Z:螺纹终点坐标;

F:螺纹导程,即主轴转一圈,刀具相对于工件的进给值,故螺纹切削时转速不宜过高;

I:螺纹起点与终点半径差。

二、内(外)径粗车复合循环指令 G71

(一)无凹槽加工时

格式 G71 U(Δd) R(r) P(ns) Q(nf) X(Δx) Z(Δz) F(f) S(s) T(t)

说明　Δd 切削深度(每次切削量),指定时不加符号,方向由矢量 ***AA'*** 决定;

r:每次退刀量;

ns:精加工路径第一程序段的顺序号;

nf:精加工路径最后程序段的顺序号;

Δx:*X* 轴方向的精加工余量;

Δz:*Z* 轴方向的精加工余量;

F、S、T:粗加工时 G71 中编程的 F、S、T 有效,而精加工时处于 ns 到 nf 程序段之间的 F、S、T 有效。

G71 切削循环下,切削进给方向平行于 Z 轴,X(ΔU) 和 Z(ΔW) 的符号(+)表示沿轴正方向移动,(-)表示沿轴负方向移动。

(二)有凹槽加工时

格式　G71 U(Δd) R(r) P(ns) Q(nf) E(e) F(f) S(s) T(t)

说明　Δd:切削深度(每次切削量),指定时不加符号;

r:每次退刀量;

ns:精加工路径第一程序段的顺序号;

nf:精加工路径最后程序段的顺序号;

e:精加工余量,其表示 *X* 方向的等高距离,外径切削时为正,内径切削时为负;

F、S、T:粗加工时 G71 中编程的 F、S、T 有效,而精加工时处于 ns 到 nf 程序段之间的 F、S、T 有效。

【注意】

(1)G71 指令必须带有 P、Q 地址 ns、nf,并且与精加工路径的起、止顺序号对应,否则不能进行该循环加工。

(2)ns 的程序段必须为 G00 或 G01 指令,即动作必须是直线或点定位运动。

(3)在顺序号为 ns 到顺序号为 nf 的 Δz 程序段中,不应包含子程序。

三、闭环车削复合循环指令 G73

格式　G73 U(ΔI) W(ΔK) R(r) P(ns) Q(nf) X(Δx) Z(Δz) F(f) S(s) T(t)

说明　ΔI:*X* 轴方向的粗加工总余量;

ΔK：Z 轴方向的粗加工总余量；

r：粗切削次数；

ns：精加工路径第一程序段的顺序号；

nf：精加工路径最后程序段的顺序号；

Δx：X 轴方向的精加工余量；

Δz：Z 轴方向的精加工余量；

F、S、T：粗加工时 G71 中编程的 F、S、T 有效，而精加工时处于 ns 到 nf 程序段之间的 F、S、T 有效。

该功能在切削工件时刀具轨迹为封闭回路，刀具逐渐进给，使封闭切削回路逐渐向零件最终形状靠近，最终切削成工件的形状。

【注意】

ΔI 和 ΔK 表示粗加工时总的切削量，若设粗加工次数为 r，则每次 X 轴、Z 轴方向的切削量为 $\Delta I/r$、$\Delta K/r$；按 G73 段中的 P 和 Q 指令值实现循环加工，要注意 Δx 和 Δz、ΔI 和 ΔK 的正负号。

四、螺纹切削复合循环 G76

格式 G76 C(c) R(r) E(e) A(a) X(x) Z(z) I(i) K(k) U(d) V(Δdmin) Q(Δd) P(p) F(L)

说明 c：精整次数(1~99)，为模态值；

r：螺纹 Z 轴向退尾长度(00~99)，为模态值；

e：螺纹 X 轴向退尾长度(00~99)，为模态值；

a：刀尖角度(两位数字)，为模态值，在 80°、60°、55°、30°、29°和 0° 6 个角度中选一个；

x、z：绝对值编程时，为有效螺纹终点 C 的坐标；在增量值编程时，为有效螺纹终点 C 相对于循环起点 A 的有向距离(用 G91 指令定义为增量编程，使用后用 G90 定义为绝对编程)；

i：螺纹两端的半径差，如 $i=0$，则为直螺纹（圆柱螺纹）切削方式；

k：螺纹高度，该值由 x 轴方向上的半径值指定；

Δdmin：最小切削深度(半径值)，当第 n 次切削深度($\Delta d_n - \Delta d_{n-1}$)小于 Δdmin 时，则切削深度设定为 Δdmin；

d：精加工余量(半径值)；

Δd：第一次切削深度（半径值）；

p：主轴基准脉冲处距离切削起始点的主轴转角；

L：螺纹导程。

【注意】

按 G76 段中的 X(x) 和 Z(z) 指令实现循环加工，增量编程时，要注意 *u* 和 *w* 的正负号。

任务八　刀尖圆弧半径补偿

一、刀尖圆弧半径补偿的目的

数控程序一般是针对刀具上的某一点（刀位点），按工件轮廓尺寸编制的。车刀的刀位点一般为理想状态下的假想刀尖 *A* 点或刀尖圆弧圆心 *O* 点。但实际加工中的车刀，由于工艺或其他要求，刀尖往往不是一理想点，而是一段圆弧。当切削加工时，刀具切削点在刀尖圆弧上变动，使实际切削点与刀位点之间的位置有偏差，故造成过切或少切。这种因刀尖不是一理想点而是一段圆弧造成的加工误差，可用刀尖圆弧半径补偿功能来消除。刀尖圆弧半径补偿是通过 G41、G42、G40 代码及 T 代码指定的刀尖圆弧半径补偿号，加入或取消半径补偿。

二、刀尖圆弧半径补偿的方法

(1) 人工预刀补。人工计算刀补量进行编程。

(2) 机床自动刀补。

三、机床自动刀尖圆弧半径补偿

机床自动刀补原理是：当编制零件加工程序时，不需要计算刀具中心运动轨迹，只按零件轮廓编程；使用刀尖圆弧半径补偿指令；在控制面板上手工输入刀具补偿值。执行刀补指令后，数控系统便能自动地计算出刀具中心轨迹，并按刀具中心轨迹运动，即刀具自动偏离工件轮廓一个补偿距离，从而加工出所要求的工件轮廓。

四、刀尖圆弧半径补偿指令

格式　G40(G41\G42) G00(G01) X_ Z_

说明　G40:取消刀具半径补偿;

G41:左补偿(在刀具前进方向左侧补偿);

G42:右补偿(在刀具前进方向右侧补偿);

X、Z:G00/G01 的参数,即建立刀补或取消刀补的终点。

G40、G41、G42 都是模态代码,可相互注销。

【注意】

(1)G41、G42 不带参数,其补偿号(代表所用刀具对应的刀尖半径补偿值)由 T 代码指定,其刀具圆弧补偿号与刀具偏置补偿号对应。

(2)刀尖半径补偿的建立与取消只能用 G00 指令或 G01 指令,不应是 G02 指令或 G03 指令。

项目四 数控车床训练图集

学思课堂

“工匠精神”是一种包括敬业、精益、专注、创新等在内的职业精神。本项目涉及不同层次的零件加工，所加工的零件基本都是带公差的尺寸，加工时只要在上下偏差范围内都可满足要求，但在学习中通常需要将该尺寸严格按照计算结果加工到中值尺寸，精确到小数点后三位，这体现出细节的重要性。在实际操作中，应一丝不苟，做到精益求精，培养“即使做一颗螺丝钉也要做到最好”的精益求精的精神品格。学生通过编程研究具体生产加工问题，能够锻炼关键技能与个性创新，具备创业和创新的基础。

学习目标

(1)能够对简单轴类零件进行数控车削工艺分析。

(2)熟悉数控车床上工件的装夹、找正。

(3)通过对零件的加工，了解数控车床的工作原理及操作过程。

一、台阶轴

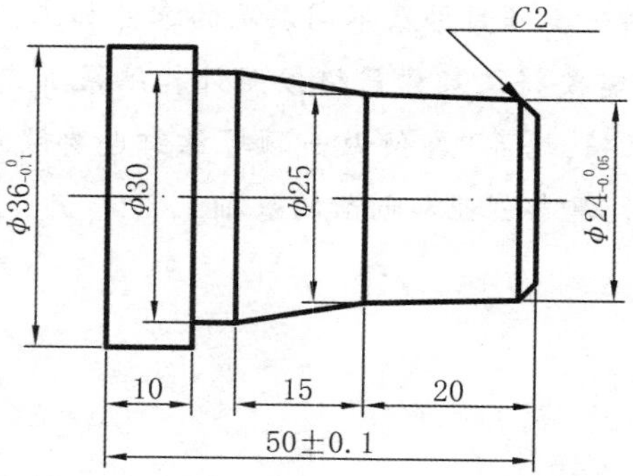

技术要求

1. 锐角倒钝，不准使用锉刀。
2. 未注公差按IT14加工。
3. 未注倒角1×45°。
4. 单位为mm。

中级工练习件		比例	材料	001
		1:1	铝合金 $\phi40$	
制图			学院	
校对				

续表

<table>
<tr>
<td>

学习目标：

1.了解机床运动形式。

2.正确区分 *X* 轴、*Z* 轴。

3.基本了解机床操作。

重点：

熟悉机床各轴的运动。

难点：

1.学生对机床的熟悉过程。

2.学生对机床面板的熟悉过程。

3.程序编制。

如何解决：

1.学生分组讨论，在讨论中解决比较简单的问题。

2.理论和实践相结合，通过理论知识来指导实践。

</td>
<td>

实训地点：

学校实训车间。

每组人数：

2~3 人。

实训设备：

数控车床。

实训工具：

*Φ*40 mm×60 mm 铝合金毛坯段，毛刷，卡盘钥匙，刀架钥匙，油枪，垫刀片，抹布，加力杆。

实训刀具：

外圆粗车刀，外圆精车刀。

量具：

0~150 mm 游标卡尺，千分尺（0~25 mm，25~50 mm）。

思考题：

仔细观察机床加工过程中的运动方式，思考刀具的运动路线是怎样的？

</td>
</tr>
</table>

班级		姓名		学号	

数控车床中级操作技能评分表(1)

序号	项目要求	配分	评分标准	检测结果	实得分
1	20	10	超差全扣		
2	50±0.1	10	超差全扣		
3	$\Phi 36_{-0.1}^{0}$	10	超差全扣		
4	$\Phi 24_{-0.05}^{0}$	10	超差全扣		
5	程序编辑	50	酌情扣分		
6	文明生产	5	酌情扣分		
7	熟练操作	5	酌情扣分		
总分					

零件加工程序

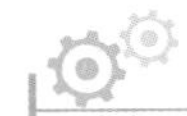

二、圆弧阶梯轴

$\sqrt{Ra\ 3.2}$ (√)

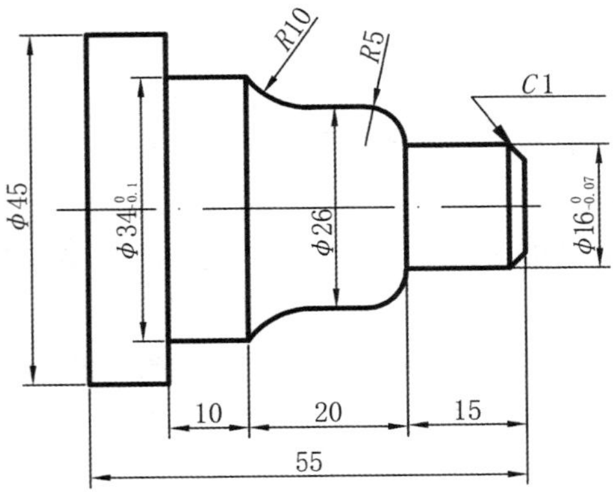

技术要求

1. 锐角倒钝，不准使用锉刀。
2. 未注公差按IT14加工。
3. 未注倒角1×45°。
4. 单位为mm。

中级工练习件		比例	材料	002	
		1:1	铝合金 φ45		
制图			学院		
校对					

续表

学习目标： 1.正确掌握机床运动形式。 2.正确区分 *X* 轴、*Z* 轴的+、−方向。 3.熟练运用机床面板。 重点： 熟练运用机床面板。 难点： 1.学生对机床面板的熟悉过程。 2.程序编制。 如何解决： 1.学生分组讨论，在讨论中解决比较简单的问题。 2.理论和实践相结合，通过理论知识来指导实践。 3.实际操作过程中老师从旁指导帮助。	实训地点： 学校实训车间。 每组人数： 2~3 人。 实训设备： 数控车床。 实训工具： *Φ*45 mm×65 mm 铝合金毛坯段，毛刷，卡盘钥匙，刀架钥匙，油枪，垫刀片，抹布，加力杆。 实训刀具： 外圆粗车刀，外圆精车刀。 量具： 0~150 mm 游标卡尺，千分尺(0~25 mm,25~50 mm)，R 规。 思考题： 仔细观察机床加工过程中的运动方式，思考各个轴的关系是怎样的？

班级		姓名		学号	

数控车床中级操作技能评分表(2)						零件加工程序
序号	项目要求	配分	评分标准	检测结果	实得分	
1	15	5	超差全扣			
2	20	5	超差全扣			
3	10	5	超差全扣			
4	$\Phi16_{-0.07}^{0}$	10	超差全扣			
5	$\Phi34_{-0.1}^{0}$	10	超差全扣			
6	$\Phi26$	5	超差全扣			
7	$R5$	5	超差全扣			
8	$R10$	5	超差全扣			
9	程序编辑	40	酌情扣分			
10	文明生产	5	酌情扣分			
11	熟练操作	5	酌情扣分			
总分						

三、圆弧台阶轴

$\sqrt{Ra\ 3.2}$ ($\sqrt{}$)

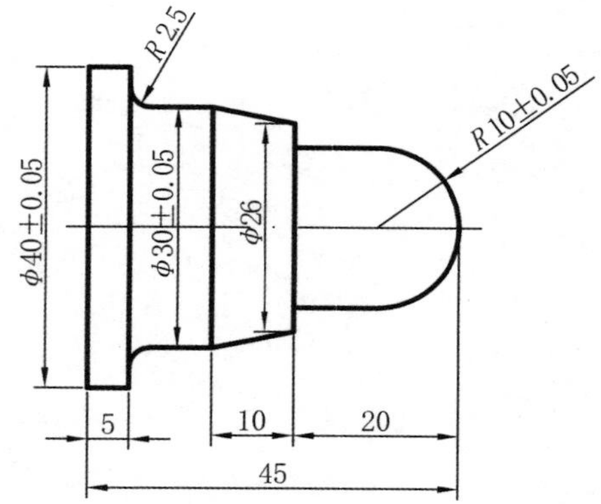

R2.5

R10±0.05

φ40±0.05

φ30±0.05

φ26

5

10

20

45

技术要求

1. 锐角倒钝，不准使用锉刀。
2. 未注公差按IT14加工。
3. 未注倒角1×45°。
4. 单位为mm。

中级工练习件		比例	材料	003
		1:1	铝合金 φ45	
制图			学院	
校对				

续表

学习目标： 1.了解试切对刀的方法。 2.掌握 G02,G03 指令的运用。 3.基本掌握 G71(G73)指令。 重点： 试切对刀的掌握。 难点： 1.G02、G03 指令的区分和运用。 2.学生对机床面板的熟悉过程。 3.程序编制。 如何解决： 1.学生分组讨论,在讨论中解决比较简单的问题。 2.理论和实践相结合,通过理论知识来指导实践。	实训地点： 学校实训车间。 每组人数： 2~3 人。 实训设备： 数控车床。 实训工具： Φ45 mm×60 mm 铝合金毛坯段,毛刷,卡盘钥匙,刀架钥匙,油枪,垫刀片,抹布,加力杆。 实训刀具： 外圆粗车刀,外圆精车刀。 量具： 0~150 mm 游标卡尺,千分尺(0~25 mm,25~50 mm),R 规。 思考题： 仔细观察机床加工过程中的运动方式,探究 G02、G03 运动方式的区别,思考用什么方式能更好地区分?

班级		姓名		学号	

数控车床中级操作技能评分表(3)						零件加工程序
序号	项目要求	配分	评分标准	检测结果	实得分	
1	20	5	超差全扣			
2	10	5	超差全扣			
3	45	5	超差全扣			
4	Φ40±0.05	10	超差全扣			
5	R10±0.05	10	超差全扣			
6	Φ30±0.05	5	超差全扣			
7	R2.5	5	超差全扣			
8	Φ26	5	超差全扣			
9	程序编辑	40	酌情扣分			
10	文明生产	5	酌情扣分			
11	熟练操作	5	酌情扣分			
总分						

四、圆头阶梯轴

$\sqrt{Ra\ 3.2}$ ($\sqrt{}$)

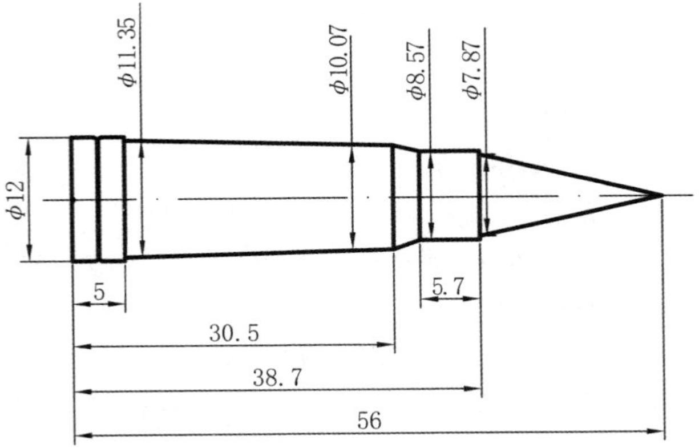

技术要求

1. 锐角倒钝，不准使用锉刀。
2. 未注公差按IT14加工。
3. 未注倒角1×45°。
4. 单位为mm。

中级工练习件		比例	材料	004
		1:1	铝合金 φ40	
制图			学院	
校对				

续表

<table>
<tr>
<td>

学习目标：

1.掌握试切对刀的方法。

2.熟练运用 G02、G03 指令。

3.熟练运用 G71(G73)指令。

重点：

熟练运用 G02,G03 指令。

难点：

1.对 G02、G03 指令的熟练运用。

2.试切对刀的精度掌握。

如何解决：

1.学生分组讨论,在讨论中解决比较简单的问题。

2.理论和实践相结合,通过理论知识来指导实践。

3.实际操作过程中老师从旁指导帮助。

</td>
<td>

实训地点：

学校实训车间。

每组人数：

2~3 人。

实训设备：

数控车床。

实训工具：

*Φ*40 mm×60 mm 铝合金毛坯段,毛刷,卡盘钥匙,刀架钥匙,油枪,垫刀片,抹布,加力杆。

实训刀具：

外圆粗车刀,外圆精车刀。

量具：

0~150 mm 游标卡尺,千分尺(0~25 mm,25~50 mm),R 规。

思考题：

如何才能提高试切对刀的精度？

</td>
</tr>
</table>

<table>
<tr><td>班级</td><td colspan="2"></td><td colspan="2">姓名</td><td></td><td>学号</td><td></td></tr>
<tr><td colspan="6">数控车床中级操作技能评分表(4)</td><td colspan="2">零件加工程序</td></tr>
<tr><td>序号</td><td>项目要求</td><td>配分</td><td>评分标准</td><td>检测结果</td><td>实得分</td><td colspan="2" rowspan="13"></td></tr>
<tr><td>1</td><td>$\Phi 36_{-0.1}^{0}$</td><td>10</td><td>超差全扣</td><td></td><td></td></tr>
<tr><td>2</td><td>$\Phi 28_{-0.1}^{0}$</td><td>10</td><td>超差全扣</td><td></td><td></td></tr>
<tr><td>3</td><td>$\Phi 18_{-0.1}^{0}$</td><td>5</td><td>超差全扣</td><td></td><td></td></tr>
<tr><td>4</td><td>$\Phi 22$</td><td>5</td><td>超差全扣</td><td></td><td></td></tr>
<tr><td>5</td><td>$R6$</td><td>5</td><td>超差全扣</td><td></td><td></td></tr>
<tr><td>6</td><td>47</td><td>5</td><td>超差全扣</td><td></td><td></td></tr>
<tr><td>7</td><td>$R4$</td><td>5</td><td>超差全扣</td><td></td><td></td></tr>
<tr><td>8</td><td>10</td><td>5</td><td>超差全扣</td><td></td><td></td></tr>
<tr><td>9</td><td>程序编辑</td><td>40</td><td>酌情扣分</td><td></td><td></td></tr>
<tr><td>10</td><td>文明生产</td><td>5</td><td>酌情扣分</td><td></td><td></td></tr>
<tr><td>11</td><td>熟练操作</td><td>5</td><td>酌情扣分</td><td></td><td></td></tr>
<tr><td colspan="5">总分</td><td></td></tr>
</table>

五、切槽练习

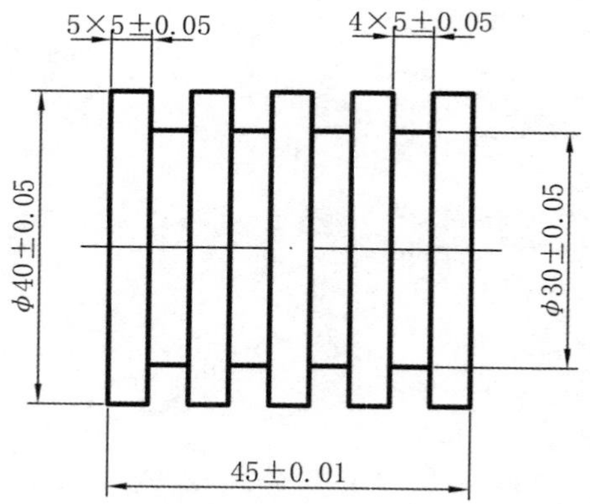

技术要求

1. 锐角倒钝，不准使用锉刀。
2. 未注公差按IT14加工。
3. 未注倒角1×45°。
4. 单位为mm。

中级工练习件		比例	材料	005
		1:1	铝合金 φ45	
制图		学院		
校对				

续表

<table>
<tr>
<td>

学习目标：

1.熟练掌握切槽刀的安装方法。

2.了解切槽程序的编写。

3.掌握切槽加工的方法。

重点：

切槽程序的编写。

难点：

1.切槽刀的正确安装。

2.切槽程序的编写。

如何解决：

1.学生分组讨论，在讨论中解决比较简单的问题。

2.理论和实践相结合，通过理论知识来指导实践。

3.实际操作过程中老师从旁指导帮助。

</td>
<td>

实训地点：

学校实训车间。

每组人数：

2~3 人。

实训设备：

数控车床。

实训工具：

Φ45 mm×60 mm 铝合金毛坯段，毛刷，卡盘钥匙，刀架钥匙，油枪，垫刀片，抹布，加力杆。

实训刀具：

外圆粗车刀，外圆精车刀，切槽刀。

量具：

游标卡尺，0~25 mm 公法线千分尺，千分尺（25~50 mm）。

思考题：

在切削多个连续槽时如何保证各个槽的精度？

</td>
</tr>
</table>

班级		姓名		学号	

数控车床中级操作技能评分表(5)						零件加工程序
序号	项目要求	配分	评分标准	检测结果	实得分	
1	Φ40±0.05	10	超差全扣			
2	Φ30±0.05	10	超差全扣			
3	5×5±0.05	10	超差全扣			
4	4×5±0.05	10	超差全扣			
5	45±0.1	10	超差全扣			
6	程序编辑	40	酌情扣分			
7	文明生产	5	酌情扣分			
8	熟练操作	5	酌情扣分			
总分						

六、两面台阶轴

Ra 3.2 (√)

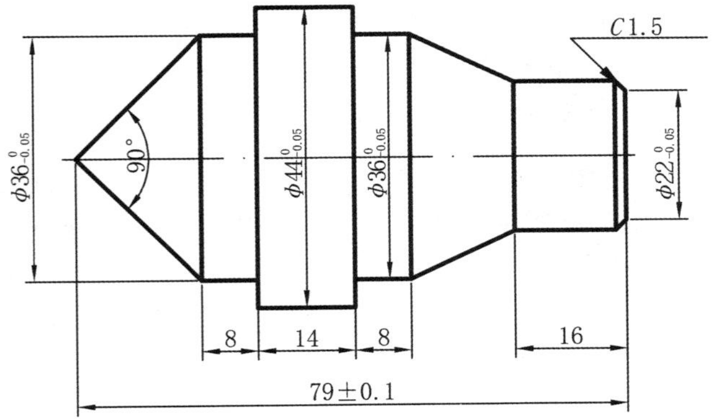

技术要求

1. 锐角倒钝，不准使用锉刀。
2. 未注公差按IT14加工。
3. 未注倒角1×45°。
4. 单位为mm。

中级工练习件	比例	材料	006
	1:1	铝合金 Φ45	
制图			学院
校对			

续表

<table>
<tr>
<td>

学习目标：

1.了解两头加工零件的加工工艺。

2.了解两头加工的加工顺序。

3.基本了解两头加工的装夹方式。

重点：

两头加工的工艺安排。

难点：

1.调头装夹时的装夹方法。

2.零件总长度的保证。

如何解决：

1.学生分组讨论，在讨论中解决比较简单的问题。

2.理论和实践相结合，通过理论知识来指导实践。

3.实际操作过程中老师从旁指导帮助。

</td>
<td>

实训地点：

学校实训车间。

每组人数：

2~3 人。

实训设备：

数控车床。

实训工具：

Φ45 mm×83 mm 铝合金毛坯段，毛刷，卡盘钥匙，刀架钥匙，油枪，垫刀片，抹布，加力杆。

实训刀具：

外圆粗车刀，外圆精车刀。

量具：

0~150 mm 游标卡尺，千分尺(0~25 mm，25~50 mm)。

思考题：

根据加工过程中的实际情况，思考如何才能简便、快捷、精确地保证零件的总长？

</td>
</tr>
</table>

班级		姓名		学号	

数控车床中级操作技能评分表(6)						零件加工程序
序号	项目要求	配分	评分标准	检测结果	实得分	
1	$\Phi36_{-0.05}^{\ 0}$	10	超差全扣			
2	$\Phi44_{-0.05}^{\ 0}$	10	超差全扣			
3	$\Phi22_{-0.05}^{\ 0}$	5	超差全扣			
4	79±0.1	5	超差全扣			
5	16	5	超差全扣			
6	8	5	超差全扣			
7	14	5	超差全扣			
8	8	5	超差全扣			
9	程序编辑	40	酌情扣分			
10	文明生产	5	酌情扣分			
11	熟练操作	5	酌情扣分			
总分						

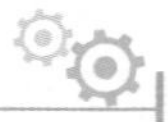

七、两面台阶轴

Ra 3.2 (√)

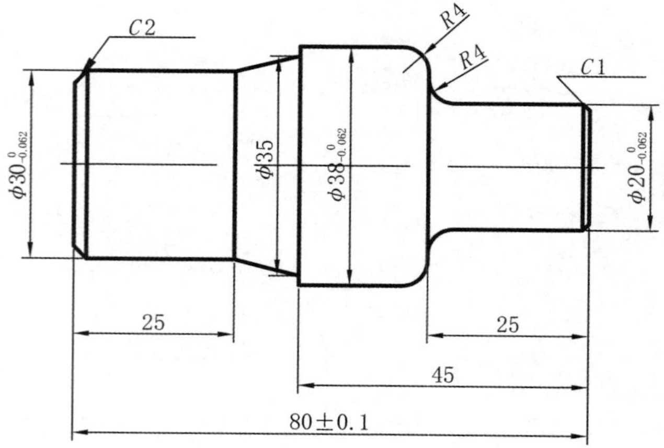

技术要求

1. 锐角倒钝，不准使用锉刀。
2. 未注公差按IT14加工。
3. 未注倒角1×45°。
4. 单位为mm。

中级工练习件	比例	材料	007
	1:1	铝合金$\phi40$	
制图			学院
校对			

续表

学习目标及要求	实训安排
学习目标： 1.熟悉两头加工零件的加工工艺。 2.熟悉两头加工的加工顺序。 3.基本掌握两头加工的装夹方式。 **重点：** 基本掌握两头加工的装夹方式。 **难点：** 1.调头装夹时的装夹方法。 2.零件总长度的保证。 **如何解决：** 1.学生分组讨论，在讨论中解决比较简单的问题。 2.理论和实践相结合，通过理论知识来指导实践。 3.实际操作过程中老师从旁指导帮助。	**实训地点：** 学校实训车间。 **每组人数：** 2~3 人。 **实训设备：** 数控车床。 **实训工具：** Φ40 mm×83 mm 铝合金毛坯段，毛刷，卡盘钥匙，刀架钥匙，油枪，垫刀片，抹布，加力杆。 **实训刀具：** 外圆粗车刀，外圆精车刀。 **量具：** 0~150 mm 游标卡尺，千分尺(0~25 mm，25~50 mm)。 **思考题：** 在一头加工完成后，调头装夹另一头时应夹住哪个台阶，为什么？

<table>
<tr><td>班级</td><td></td><td>姓名</td><td></td><td>学号</td><td></td></tr>
<tr><td colspan="6">数控车床中级操作技能评分表(7)</td><td>零件加工程序</td></tr>
<tr><td>序号</td><td>项目要求</td><td>配分</td><td>评分标准</td><td>检测结果</td><td>实得分</td><td rowspan="13"></td></tr>
<tr><td>1</td><td>$\Phi38_{-0.062}^{0}$</td><td>10</td><td>超差全扣</td><td></td><td></td></tr>
<tr><td>2</td><td>$\Phi30_{-0.062}^{0}$</td><td>10</td><td>超差全扣</td><td></td><td></td></tr>
<tr><td>3</td><td>$\Phi20_{-0.06}^{0}$</td><td>5</td><td>超差全扣</td><td></td><td></td></tr>
<tr><td>4</td><td>80±0.1</td><td>5</td><td>超差全扣</td><td></td><td></td></tr>
<tr><td>5</td><td>$\Phi35$</td><td>5</td><td>超差全扣</td><td></td><td></td></tr>
<tr><td>6</td><td>45</td><td>5</td><td>超差全扣</td><td></td><td></td></tr>
<tr><td>7</td><td>25</td><td>5</td><td>超差全扣</td><td></td><td></td></tr>
<tr><td>8</td><td>$R4$</td><td>5</td><td>超差全扣</td><td></td><td></td></tr>
<tr><td>9</td><td>程序编辑</td><td>40</td><td>酌情扣分</td><td></td><td></td></tr>
<tr><td>10</td><td>文明生产</td><td>5</td><td>酌情扣分</td><td></td><td></td></tr>
<tr><td>11</td><td>熟练操作</td><td>5</td><td>酌情扣分</td><td></td><td></td></tr>
<tr><td colspan="5">总分</td><td></td></tr>
</table>

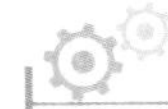

八、两面锥度台阶轴

$\sqrt{Ra\ 3.2}$ (√)

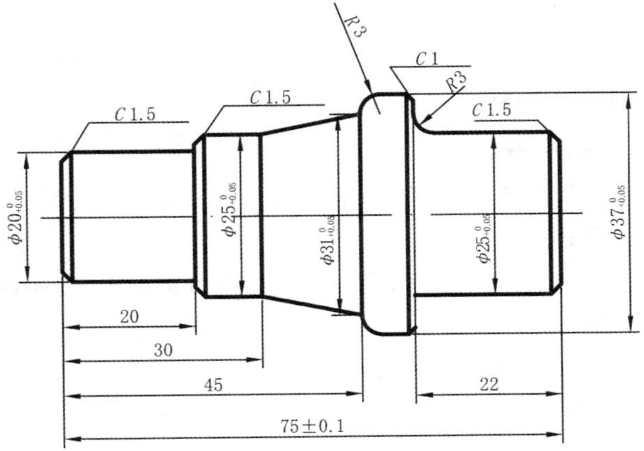

技术要求

1. 锐角倒钝，不准使用锉刀。
2. 未注公差按IT14加工。
3. 未注倒角1×45°。
4. 单位为mm。

<table>
<tr><td colspan="3" rowspan="2">中级工练习件</td><td>比例</td><td>材料</td><td rowspan="2">008</td></tr>
<tr><td>1:1</td><td>铝合金 φ40</td></tr>
<tr><td>制图</td><td></td><td></td><td colspan="3" rowspan="2">学院</td></tr>
<tr><td>校对</td><td></td><td></td></tr>
</table>

续表

学习目标： 1.掌握两头加工零件的加工工艺。 2.掌握两头加工的加工顺序。 3.熟练掌握两头加工的装夹方式。 重点： 零件总长的保证。 难点： 1.零件总长的保证精度的掌握。 2.程序的编制。 如何解决： 1.学生分组讨论，在讨论中解决比较简单的问题。 2.理论和实践相结合，通过理论知识来指导实践。 3.实际操作过程中老师从旁指导帮助。	实训地点： 学校实训车间。 每组人数： 2~3 人。 实训设备： 数控车床。 实训工具： Φ40 mm×78 mm 铝合金毛坯段，毛刷，卡盘钥匙，刀架钥匙，油枪，垫刀片，抹布，加力杆。 实训刀具： 外圆粗车刀，外圆精车刀。 量具： 0~150 mm 游标卡尺，千分尺(0~25 mm，25~50 mm)。 思考题： 零件先加工哪一端，为什么？

班级		姓名		学号	

数控车床中级操作技能评分表(8)						零件加工程序
序号	项目要求	配分	评分标准	检测结果	实得分	
1	$\Phi37_{-0.05}^{0}$	10	超差全扣			
2	$\Phi25_{-0.05}^{0}$	10	超差全扣			
3	$\Phi20_{-0.05}^{0}$	5	超差全扣			
4	75±0.1	5	超差全扣			
5	$\Phi31$	5	超差全扣			
6	45	5	超差全扣			
7	20	5	超差全扣			
8	$R3$	5	超差全扣			
9	程序编辑	40	酌情扣分			
10	文明生产	5	酌情扣分			
11	熟练操作	5	酌情扣分			
总分						

九、两面圆弧台阶轴

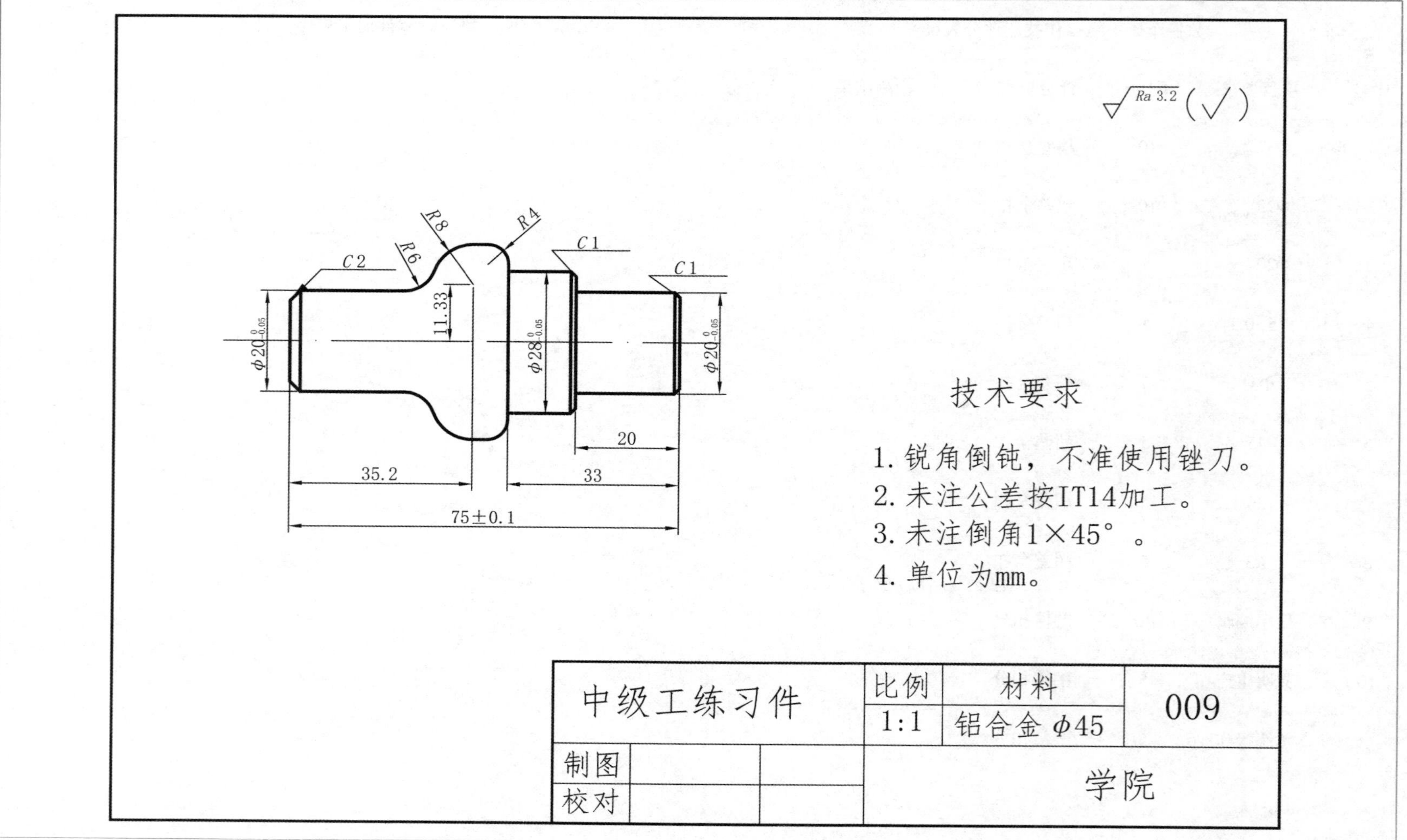

Ra 3.2 (√)
R8
R4
R6
C2
C1
C1
11.33
φ20 0 -0.05
φ28 0 -0.05
φ20 0 -0.05
20
35.2
33
75±0.1
技术要求
1. 锐角倒钝，不准使用锉刀。
2. 未注公差按IT14加工。
3. 未注倒角1×45°。
4. 单位为mm。
中级工练习件
比例
1:1
材料
铝合金 φ45
009
制图
校对
学院

续表

<table>
<tr>
<td>
学习目标：
1.熟练掌握两头加工零件的加工工艺。
2.熟练掌握两头加工的加工顺序。
重点：
零件节点的计算。
难点：
1.零件的装夹。
2.零件节点的计算。
如何解决：
1.学生分组讨论，在讨论中解决比较简单的问题。
2.理论和实践相结合，通过理论知识来指导实践。
3.实际操作过程中老师从旁指导帮助。
</td>
<td>
实训地点：
学校实训车间。
每组人数：
2~3 人。
实训设备：
数控车床。
实训工具：
Φ45 mm×78 mm 铝合金毛坯段，毛刷，卡盘钥匙，刀架钥匙，油枪，垫刀片，抹布，加力杆。
实训刀具：
外圆粗车刀，外圆精车刀。
量具：
0~150 mm 游标卡尺，千分尺(0~25 mm，25~50 mm)。
思考题：
怎样才能更方便地计算出零件的节点？
</td>
</tr>
</table>

班级		姓名		学号	

数控车床中级操作技能评分表(9)

序号	项目要求	配分	评分标准	检测结果	实得分
1	$\Phi 28_{-0.05}^{0}$	10	超差全扣		
2	$\Phi 20_{-0.05}^{0}$	10	超差全扣		
3	$\Phi 20_{-0.05}^{0}$	5	超差全扣		
4	75±0.1	5	超差全扣		
5	20	5	超差全扣		
6	33	5	超差全扣		
7	$R6$	5	超差全扣		
8	$R8$	5	超差全扣		
9	程序编辑	40	酌情扣分		
10	文明生产	5	酌情扣分		
11	熟练操作	5	酌情扣分		
总分					

零件加工程序

十、螺纹轴

$\sqrt{Ra\ 3.2}$ (√)

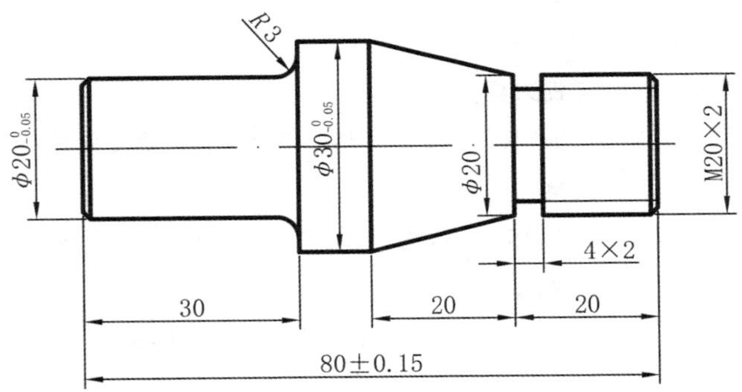

技术要求

1. 锐角倒钝，不准使用锉刀。
2. 未注公差按IT14加工。
3. 未注倒角1×45°。
4. 单位为mm。

中级工练习件	比例	材料	010
	1:1	铝合金 φ40	
制图			学院
校对			

续表

学习目标： 1.了解螺纹程序的编写。 2.了解螺纹加工的方法。 3.基本了解螺纹的切削用量。 重点： 牙底径的计算。 难点： 1.G82 指令的讲解。 2.螺纹车刀的对刀。 如何解决： 1.学生分组讨论，在讨论中解决比较简单的问题。 2.理论和实践相结合，通过理论知识来指导实践。 3.实际操作过程中老师从旁指导帮助。	实训地点： 学校实训车间。 每组人数： 2~3 人。 实训设备： 数控车床。 实训工具： Φ40 mm×83 mm 铝合金毛坯段，毛刷，卡盘钥匙，刀架钥匙，油枪，垫刀片，抹布，加力杆。 实训刀具： 外圆粗车刀，外圆精车刀，切槽刀，螺纹车刀。 量具： 0~150 mm 游标卡尺，千分尺（0~25 mm，25~50 mm），通规，止规。 思考题： 怎样的切削量才能切出表面光洁的螺纹？

<table>
<tr><td>班级</td><td colspan="3"></td><td>姓名</td><td></td><td>学号</td><td></td></tr>
<tr><td colspan="6">数控车床中级操作技能评分表(10)</td><td colspan="2">零件加工程序</td></tr>
<tr><td>序号</td><td>项目要求</td><td>配分</td><td>评分标准</td><td>检测结果</td><td>实得分</td><td colspan="2" rowspan="13"></td></tr>
<tr><td>1</td><td>M20×2</td><td>10</td><td>超差全扣</td><td></td><td></td></tr>
<tr><td>2</td><td>$\Phi20_{-0.05}^{0}$</td><td>10</td><td>超差全扣</td><td></td><td></td></tr>
<tr><td>3</td><td>$\Phi30_{-0.05}^{0}$</td><td>5</td><td>超差全扣</td><td></td><td></td></tr>
<tr><td>4</td><td>80±0.15</td><td>5</td><td>超差全扣</td><td></td><td></td></tr>
<tr><td>5</td><td>4×2</td><td>5</td><td>超差全扣</td><td></td><td></td></tr>
<tr><td>6</td><td>20</td><td>5</td><td>超差全扣</td><td></td><td></td></tr>
<tr><td>7</td><td>$R3$</td><td>5</td><td>超差全扣</td><td></td><td></td></tr>
<tr><td>8</td><td>30</td><td>5</td><td>超差全扣</td><td></td><td></td></tr>
<tr><td>9</td><td>程序编辑</td><td>40</td><td>酌情扣分</td><td></td><td></td></tr>
<tr><td>10</td><td>文明生产</td><td>5</td><td>酌情扣分</td><td></td><td></td></tr>
<tr><td>11</td><td>熟练操作</td><td>5</td><td>酌情扣分</td><td></td><td></td></tr>
<tr><td colspan="5">总分</td><td></td></tr>
</table>

十一、圆弧螺纹轴

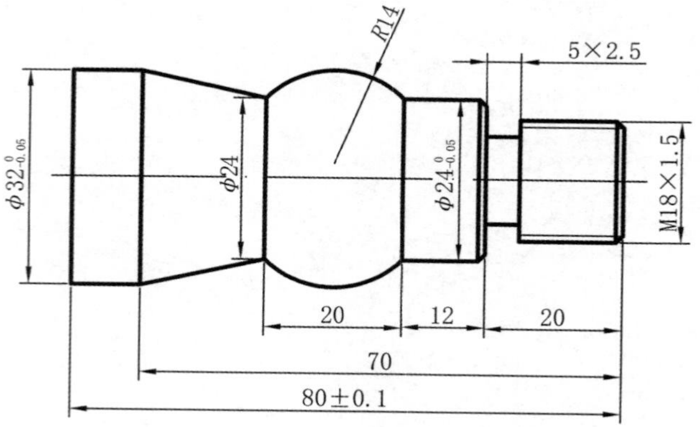

技术要求

1. 锐角倒钝，不准使用锉刀。
2. 未注公差按IT14加工。
3. 未注倒角1×45°。
4. 单位为mm。

中级工练习件		比例	材料	011
		1:1	铝合金 φ40	
制图			学院	
校对				

续表

<table>
<tr>
<td>

学习目标：

1.熟悉螺纹程序的编写。

2.熟悉螺纹加工的方法。

3.基本熟悉螺纹的切削用量。

重点：

G82 指令的运用。

难点：

1.螺纹车刀的安装。

2.螺纹车刀的对刀。

如何解决：

1.学生分组讨论，在讨论中解决比较简单的问题。

2.理论和实践相结合，通过理论知识来指导实践。

3.实际操作过程中老师从旁指导帮助。

</td>
<td>

实训地点：

学校实训车间。

每组人数：

2～3 人。

实训设备：

数控车床。

实训工具：

Φ40 mm×83 mm 铝合金毛坯段，毛刷，卡盘钥匙，刀架钥匙，油枪，垫刀片，抹布，加力杆。

实训刀具：

外圆粗车刀，外圆精车刀，切槽刀，螺纹车刀。

量具：

0～150 mm 游标卡尺，千分尺（0～25 mm，25～50 mm），通规，止规。

思考题：

分析不同情况的通规进不去时，机床刀偏表中，X 磨损应修改为多少？

</td>
</tr>
</table>

班级		姓名		学号	

数控车床中级操作技能评分表(11)						零件加工程序
序号	项目要求	配分	评分标准	检测结果	实得分	
1	M18×1.5	10	超差全扣			
2	$\Phi24_{-0.05}^{0}$	10	超差全扣			
3	$\Phi32_{-0.05}^{0}$	5	超差全扣			
4	80±0.1	5	超差全扣			
5	5×2.5	5	超差全扣			
6	20	5	超差全扣			
7	*R*14	5	超差全扣			
8	70	5	超差全扣			
9	程序编辑	40	酌情扣分			
10	文明生产	5	酌情扣分			
11	熟练操作	5	酌情扣分			
总分						

十二、凹圆弧螺纹轴

$\sqrt{Ra\ 3.2}$ (√)

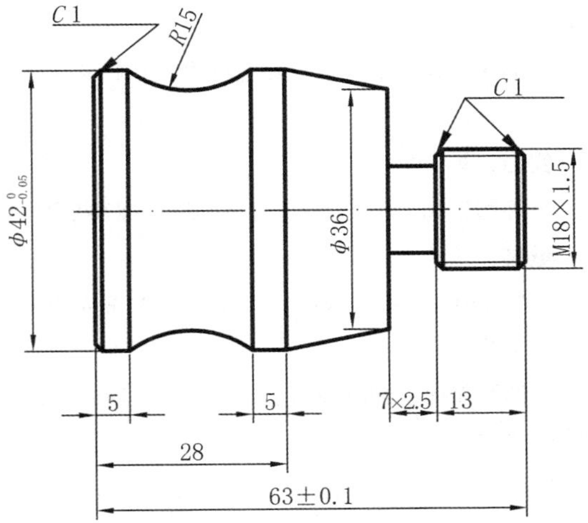

技术要求

1. 锐角倒钝，不准使用锉刀。
2. 未注公差按IT14加工。
3. 未注倒角1×45°。
4. 单位为mm。

中级工练习件		比例	材料	012
		1:1	铝合金 ϕ45	
制图			学院	
校对				

续表

学习目标： 1.掌握螺纹程序的编写。 2.掌握螺纹加工的方法。 3.基本掌握螺纹的切削用量。 重点： 螺纹加工的熟练掌握。 难点： 1.工艺安排。 2.凹圆弧的加工。 如何解决： 1.学生分组讨论，在讨论中解决比较简单的问题。 2.理论和实践相结合，通过理论知识来指导实践。 3.实际操作过程中老师从旁指导帮助。	实训地点： 学校实训车间。 每组人数： 2~3 人。 实训设备： 数控车床。 实训工具： Φ45 mm×66 mm 铝合金毛坯段，毛刷，卡盘钥匙，刀架钥匙，油枪，垫刀片，抹布，加力杆。 实训刀具： 外圆粗车刀，外圆精车刀，切槽刀，螺纹车刀。 量具： 0~150 mm 游标卡尺，千分尺（0~25 mm，25~50 mm），通规，止规。 思考题： 凹圆弧加工和凸圆弧加工有什么不同？

班级		姓名		学号	

数控车床中级操作技能评分表（12）					
序号	项目要求	配分	评分标准	检测结果	实得分
1	M18×1.5	10	超差全扣		
2	$\Phi42_{-0.05}^{0}$	10	超差全扣		
3	$\Phi36$	5	超差全扣		
4	63±0.1	5	超差全扣		
5	7×2.5	5	超差全扣		
6	13	5	超差全扣		
7	$R15$	5	超差全扣		
8	28	5	超差全扣		
9	程序编辑	40	酌情扣分		
10	文明生产	5	酌情扣分		
11	熟练操作	5	酌情扣分		
总分					

零件加工程序

十三、多圆弧台阶轴

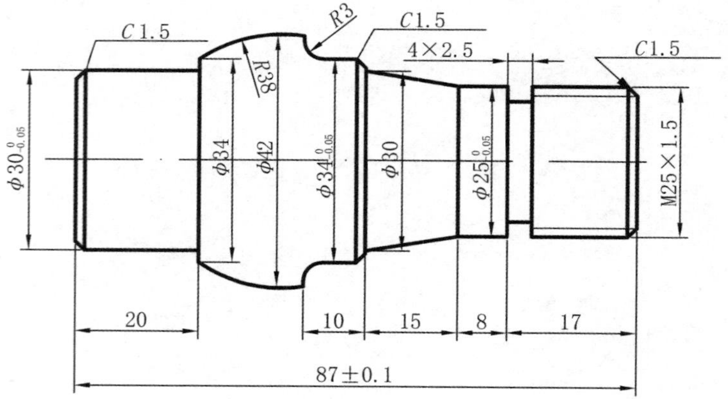

技术要求

1. 锐角倒钝，不准使用锉刀。
2. 未注公差按IT14加工。
3. 未注倒角1×45°。
4. 单位为mm。

中级工练习件	比例	材料	013
	1:1	铝合金 $\phi45$	
制图			学院
校对			

续表

学习目标： 1.熟悉多圆弧台阶轴的程序编写。 2.掌握圆弧节点的计算。 3.熟悉多圆弧台阶轴的工艺安排。 重点： 多圆弧台阶轴的工艺安排。 难点： 1.节点的计算。 2.多圆弧台阶轴的程序编制。 如何解决： 1.学生分组讨论，在讨论中解决比较简单的问题。 2.理论和实践相结合，通过理论知识来指导实践。 3.实际操作过程中老师从旁指导帮助。	实训地点： 学校实训车间。 每组人数： 2~3 人。 实训设备： 数控车床。 实训工具： Φ45 mm×90 mm 铝合金毛坯段，毛刷，卡盘钥匙，刀架钥匙，油枪，垫刀片，抹布，加力杆。 实训刀具： 外圆粗车刀，外圆精车刀，切槽刀，螺纹车刀。 量具： 0~150 mm 游标卡尺，千分尺（0~25 mm，25~50 mm），通规，止规。 思考题： 多圆弧台阶轴和普通台阶轴有什么区别？

班级		姓名		学号	

数控车床中级操作技能评分表(13)						零件加工程序
序号	项目要求	配分	评分标准	检测结果	实得分	
1	M25×1.5	10	超差全扣			
2	$\Phi30_{-0.05}^{0}$	10	超差全扣			
3	$\Phi34_{-0.05}^{0}$	5	超差全扣			
4	87±0.1	5	超差全扣			
5	4×2.5	5	超差全扣			
6	17	5	超差全扣			
7	*R*38	5	超差全扣			
8	$\Phi25_{-0.05}^{0}$	5	超差全扣			
9	程序编辑	40	酌情扣分			
10	文明生产	5	酌情扣分			
11	熟练操作	5	酌情扣分			
总分						

十四、锥度螺纹轴

Ra 3.2 (√)

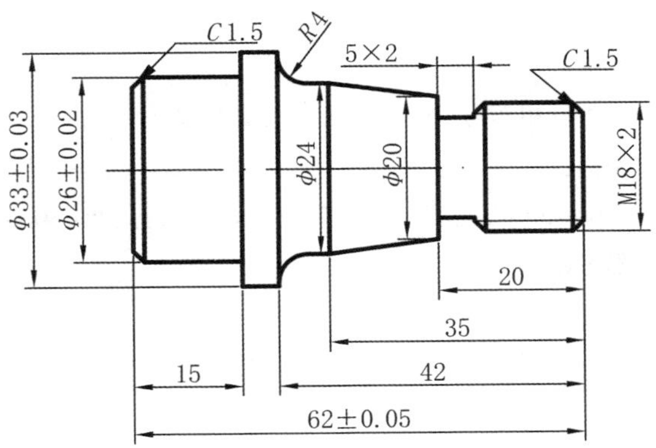

C1.5　R4　5×2　C1.5
ϕ33±0.03　ϕ26±0.02　ϕ24　ϕ20　M18×2
20　35　15　42　62±0.05

技术要求

1. 锐角倒钝，不准使用锉刀。
2. 未注公差按IT14加工。
3. 未注倒角1×45°。
4. 单位为mm。

中级工练习件	比例	材料	014
	1:1	铝合金 ϕ40	
制图			学院
校对			

续表

学习目标： 1.熟练掌握螺纹和各个台阶的尺寸精度。 2.熟练掌握装夹工艺。 3.熟练掌握锥度螺纹轴的车削。 重点： 零件精度的掌握程度。 难点： 1.零件锥度的车削。 2.零件整体精度的掌握。 如何解决： 1.学生分组讨论，在讨论中解决比较简单的问题。 2.理论和实践相结合，通过理论知识来指导实践。 3.实际操作过程中老师从旁指导帮助。	实训地点： 学校实训车间。 每组人数： 2~3 人。 实训设备： 数控车床。 实训工具： Φ40 mm×65 mm 铝合金毛坯段，毛刷，卡盘钥匙，刀架钥匙，油枪，垫刀片，抹布，加力杆。 实训刀具： 外圆粗车刀，外圆精车刀，切槽刀，螺纹车刀。 量具： 0~150 mm 游标卡尺，千分尺(0~25 mm，25~50 mm)，通规，止规。 思考题： 如果先加工右端，则会出现什么情况？

班级		姓名		学号	

数控车床中级操作技能评分表(14)						零件加工程序
序号	项目要求	配分	评分标准	检测结果	实得分	
1	M18×2	10	超差全扣			
2	Φ26±0.02	10	超差全扣			
3	Φ33±0.03	5	超差全扣			
4	62±0.05	5	超差全扣			
5	5×2	5	超差全扣			
6	15	5	超差全扣			
7	*R*4	5	超差全扣			
8	20	5	超差全扣			
9	程序编辑	40	酌情扣分			
10	文明生产	5	酌情扣分			
11	熟练操作	5	酌情扣分			
总分						

十五、多凹圆弧轴

$\sqrt{Ra\ 3.2}$ ($\sqrt{}$)

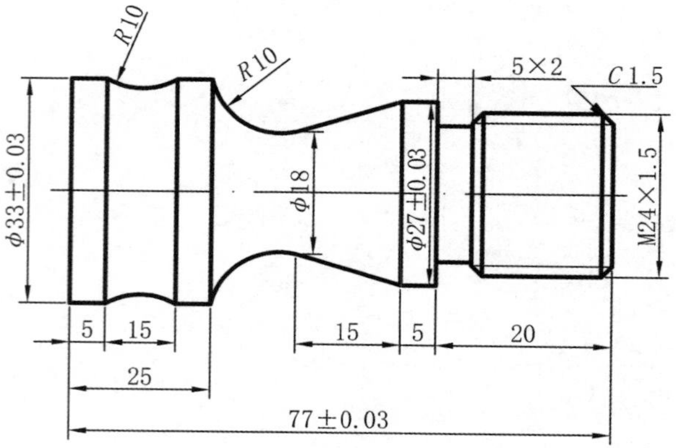

R10 R10 5×2 C1.5 ϕ33±0.03 ϕ18 ϕ27±0.03 M24×1.5 5 15 25 15 5 20 77±0.03

技术要求

1. 锐角倒钝，不准使用锉刀。
2. 未注公差按IT14加工。
3. 未注倒角1×45°。
4. 单位为mm。

<table>
<tr><td colspan="2" rowspan="2">中级工练习件</td><td>比例</td><td>材料</td><td rowspan="2">015</td></tr>
<tr><td>1:1</td><td>铝合金ϕ40</td></tr>
<tr><td>制图</td><td></td><td colspan="3" rowspan="2">学院</td></tr>
<tr><td>校对</td><td></td></tr>
</table>

续表

<table>
<tr>
<td>
学习目标：
1.掌握多凹圆弧轴的加工工艺。
2.熟练掌握多凹圆弧轴的加工方法。
3.理解 G73 指令加工凹圆弧轴的方法。
重点：
G73 指令的讲解。
难点：
1.G73 指令的讲解。
2.外圆车刀的选择。
如何解决：
1.学生分组讨论，在讨论中解决比较简单的问题。
2.理论和实践相结合，通过理论知识来指导实践。
3.实际操作过程中老师从旁指导帮助。
</td>
<td>
实训地点：
学校实训车间。
每组人数：
2~3 人。
实训设备：
数控车床。
实训工具：
Φ40 mm×80 mm 铝合金毛坯段，毛刷，卡盘钥匙，刀架钥匙，油枪，垫刀片，抹布，加力杆。
实训刀具：
外圆粗车刀，外圆精车刀，切槽刀，螺纹车刀。
量具：
0~150 mm 游标卡尺，千分尺（0~25 mm，25~50 mm），通规，止规。
思考题：
图中这种凹圆弧应选择什么样的外圆车刀，为什么？
</td>
</tr>
</table>

<table>
<tr><td>班级</td><td colspan="3"></td><td>姓名</td><td></td><td>学号</td><td></td></tr>
<tr><td colspan="6">数控车床中级操作技能评分表(15)</td><td colspan="2">零件加工程序</td></tr>
<tr><td>序号</td><td>项目要求</td><td>配分</td><td>评分标准</td><td>检测结果</td><td>实得分</td><td colspan="2" rowspan="13"></td></tr>
<tr><td>1</td><td>M24×1.5</td><td>10</td><td>超差全扣</td><td></td><td></td></tr>
<tr><td>2</td><td>Φ27±0.03</td><td>10</td><td>超差全扣</td><td></td><td></td></tr>
<tr><td>3</td><td>Φ33±0.03</td><td>5</td><td>超差全扣</td><td></td><td></td></tr>
<tr><td>4</td><td>77±0.03</td><td>5</td><td>超差全扣</td><td></td><td></td></tr>
<tr><td>5</td><td>5×2</td><td>5</td><td>超差全扣</td><td></td><td></td></tr>
<tr><td>6</td><td>R10</td><td>5</td><td>超差全扣</td><td></td><td></td></tr>
<tr><td>7</td><td>20</td><td>5</td><td>超差全扣</td><td></td><td></td></tr>
<tr><td>8</td><td>25</td><td>5</td><td>超差全扣</td><td></td><td></td></tr>
<tr><td>9</td><td>程序编辑</td><td>40</td><td>酌情扣分</td><td></td><td></td></tr>
<tr><td>10</td><td>文明生产</td><td>5</td><td>酌情扣分</td><td></td><td></td></tr>
<tr><td>11</td><td>熟练操作</td><td>5</td><td>酌情扣分</td><td></td><td></td></tr>
<tr><td colspan="5">总分</td><td></td></tr>
</table>

十六、圆头螺纹轴

$\sqrt{Ra\ 3.2}$ (√)

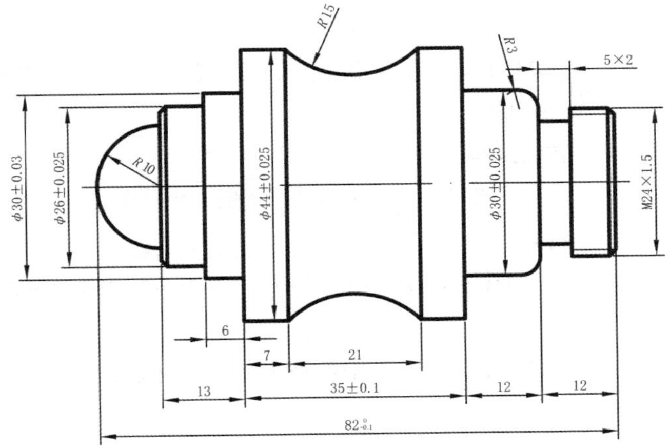

R15
R3
5×2
φ30±0.03
φ26±0.025
R10
φ44±0.025
φ30±0.025
M24×1.5
6
7
21
13
35±0.1
12
12
$82^{0}_{-0.1}$

技术要求

1. 锐角倒钝，不准使用锉刀。
2. 未注公差按IT14加工。
3. 未注倒角1×45°。
4. 单位为mm。

中级工练习件	比例	材料	016
	1:1	铝合金 φ45	
制图			学院
校对			

续表

学习目标： 1.掌握圆头螺纹轴的加工工艺。 2.熟练掌握圆头螺纹轴的加工方法。 3.掌握 G73 指令加工凹圆弧轴的方法。 重点： 熟练运用 G73 指令。 难点： 1.G73 指令的熟练运用。 2.短螺纹的车削。 如何解决： 1.学生分组讨论，在讨论中解决比较简单的问题。 2.理论和实践相结合，通过理论知识来指导实践。 3.实际操作过程中老师从旁指导帮助。	实训地点： 学校实训车间。 每组人数： 2～3 人。 实训设备： 数控车床。 实训工具： Φ45 mm×85 mm 铝合金毛坯段，毛刷，卡盘钥匙，刀架钥匙，油枪，垫刀片，抹布，加力杆。 实训刀具： 外圆粗车刀，外圆精车刀，切槽刀，螺纹车刀。 量具： 0～150 mm 游标卡尺，千分尺（0～25 mm，25～50 mm），通规，止规。 思考题： 圆头短为什么会出现“凸头”？如何才能避免“凸头”的出现？

班级		姓名		学号	

数控车床中级操作技能评分表(16)						零件加工程序
序号	项目要求	配分	评分标准	检测结果	实得分	
1	M24×1.5	10	超差全扣			
2	Φ44±0.02	10	超差全扣			
3	Φ30±0.03	5	超差全扣			
4	$82_{-0.1}^{0}$	5	超差全扣			
5	5×2	5	超差全扣			
6	R15	5	超差全扣			
7	35±0.1	5	超差全扣			
8	R10	5	超差全扣			
9	程序编辑	40	酌情扣分			
10	文明生产	5	酌情扣分			
11	熟练操作	5	酌情扣分			
总分						

十七、锥度圆弧轴

$\sqrt{Ra\ 3.2}$ (√)

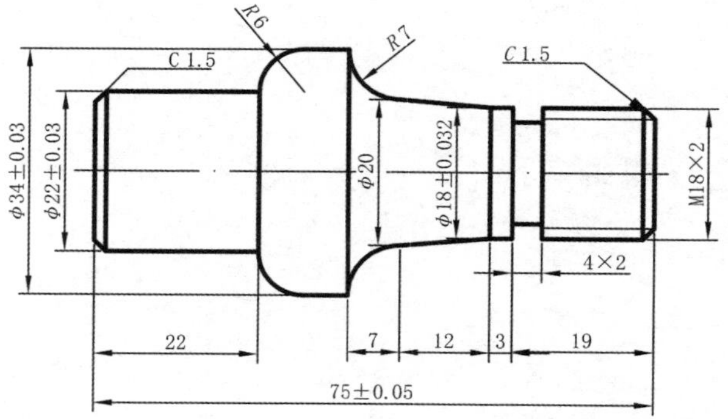

技术要求

1. 锐角倒钝，不准使用锉刀。
2. 未注公差按IT14加工。
3. 未注倒角1×45°。
4. 单位为mm。

中级工练习件	比例	材料	017
	1:1	铝合金 φ40	
制图			学院
校对			

续表

<table>
<tr>
<td>

学习目标：

1.熟练掌握锥度、切槽、螺纹的加工方法。

2.熟练掌握零件整体精度的保证。

3.熟练掌握零件工艺的安排。

重点：

零件整体精度的掌握。

难点：

1.零件整体精度的控制。

2.螺纹精度的保证。

如何解决：

1.学生分组讨论，在讨论中解决比较简单的问题。

2.理论和实践相结合，通过理论知识来指导实践。

3.实际操作过程中老师从旁指导帮助。

</td>
<td>

实训地点：

学校实训车间。

每组人数：

2~3 人。

实训设备：

数控车床。

实训工具：

Φ40 mm×78 mm 铝合金毛坯段，毛刷，卡盘钥匙，刀架钥匙，油枪，垫刀片，抹布，加力杆。

实训刀具：

外圆粗车刀，外圆精车刀，切槽刀，螺纹车刀。

量具：

0~150 mm 游标卡尺，千分尺(0~25 mm，25~50 mm)，通规，止规。

思考题：

车削螺纹为什么会有起刀距离？如果没有，则会出现什么情况？

</td>
</tr>
</table>

班级			姓名			学号	
数控车床中级操作技能评分表(17)						零件加工程序	
序号	项目要求	配分	评分标准	检测结果	实得分		
1	M18×2	10	超差全扣				
2	Φ34±0.03	10	超差全扣				
3	Φ22±0.03	5	超差全扣				
4	75±0.05	5	超差全扣				
5	4×2	5	超差全扣				
6	*R*7	5	超差全扣				
7	Φ18±0.032	5	超差全扣				
8	22	5	超差全扣				
9	程序编辑	40	酌情扣分				
10	文明生产	5	酌情扣分				
11	熟练操作	5	酌情扣分				
总分							

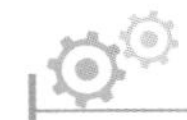

十八、圆弧槽轴

Ra 3.2 (√)

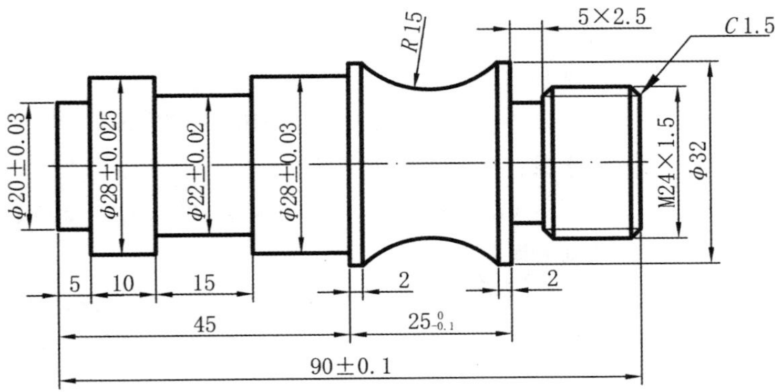

技术要求

1. 锐角倒钝，不准使用锉刀。
2. 未注公差按IT14加工。
3. 未注倒角1×45°。
4. 单位为mm。

中级工练习件	比例	材料	018
	1:1	铝合金 φ40	
制图			学院
校对			

续表

学习目标: 1.熟练掌握凹圆弧、切槽、螺纹的加工方法。 2.了解 G76 指令车削螺纹。 3.熟练掌握切槽刀的运用。 重点: G76 指令的运用。 难点: 1.G76 指令的理解。 2.G76 指令各个字母的含义及运用。 如何解决: 1.学生分组讨论,在讨论中解决比较简单的问题。 2.理论和实践相结合,通过理论知识来指导实践。 3.实际操作过程中老师从旁指导帮助。	实训地点: 学校实训车间。 每组人数: 2~3 人。 实训设备: 数控车床。 实训工具: Φ40 mm×93 mm 铝合金毛坯段,毛刷,卡盘钥匙,刀架钥匙,油枪,垫刀片,抹布,加力杆。 实训刀具: 外圆粗车刀,外圆精车刀,切槽刀,螺纹车刀。 量具: 0~150 mm 游标卡尺,千分尺(0~25 mm,25~50 mm),通规,止规。 思考题: 当槽底比较宽时会出现槽底比较粗糙的现象,分析产生的原因,如何解决?

<table>
<tr><td>班级</td><td colspan="2"></td><td>姓名</td><td colspan="2"></td><td>学号</td><td></td></tr>
<tr><td colspan="6">数控车床中级操作技能评分表(18)</td><td colspan="2">零件加工程序</td></tr>
<tr><td>序号</td><td>项目要求</td><td>配分</td><td>评分标准</td><td>检测结果</td><td>实得分</td><td colspan="2" rowspan="13"></td></tr>
<tr><td>1</td><td>M24×1.5</td><td>10</td><td>超差全扣</td><td></td><td></td></tr>
<tr><td>2</td><td>$\Phi28\pm0.025$</td><td>10</td><td>超差全扣</td><td></td><td></td></tr>
<tr><td>3</td><td>$\Phi20\pm0.03$</td><td>5</td><td>超差全扣</td><td></td><td></td></tr>
<tr><td>4</td><td>90±0.1</td><td>5</td><td>超差全扣</td><td></td><td></td></tr>
<tr><td>5</td><td>5×2.5</td><td>5</td><td>超差全扣</td><td></td><td></td></tr>
<tr><td>6</td><td>$R15$</td><td>5</td><td>超差全扣</td><td></td><td></td></tr>
<tr><td>7</td><td>$\Phi22\pm0.02$</td><td>5</td><td>超差全扣</td><td></td><td></td></tr>
<tr><td>8</td><td>$25_{-0.1}^{0}$</td><td>5</td><td>超差全扣</td><td></td><td></td></tr>
<tr><td>9</td><td>程序编辑</td><td>40</td><td>酌情扣分</td><td></td><td></td></tr>
<tr><td>10</td><td>文明生产</td><td>5</td><td>酌情扣分</td><td></td><td></td></tr>
<tr><td>11</td><td>熟练操作</td><td>5</td><td>酌情扣分</td><td></td><td></td></tr>
<tr><td colspan="5">总分</td><td></td></tr>
</table>

十九、锥度圆头螺纹轴

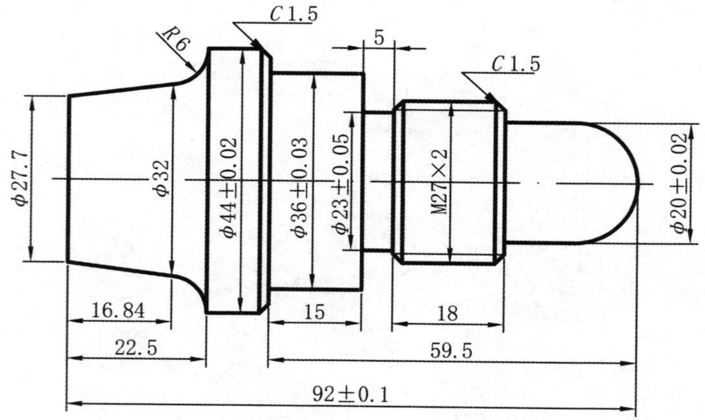

技术要求

1. 锐角倒钝，不准使用锉刀。
2. 未注公差按IT14加工。
3. 未注倒角1×45°。
4. 单位为mm。

中级工练习件		比例	材料	019
		1:1	铝合金 φ45	
制图			学院	
校对				

续表

<table>
<tr>
<td>

学习目标：

1.熟练掌握凹圆弧、切槽、螺纹的加工方法。

2.掌握 G76 指令车削螺纹。

3.熟练掌握圆头的车削。

重点：

G76 指令的熟练运用。

难点：

1.G76 指令的熟练运用。

2.圆头的车削。

如何解决：

1.学生分组讨论，在讨论中解决比较简单的问题。

2.理论和实践相结合，通过理论知识来指导实践。

3.实际操作过程中老师从旁指导帮助。

</td>
<td>

实训地点：

学校实训车间。

每组人数：

2~3 人。

实训设备：

数控车床。

实训工具：

Φ45 mm×95 mm 铝合金毛坯段，毛刷，卡盘钥匙，刀架钥匙，油枪，垫刀片，抹布，加力杆。

实训刀具：

外圆粗车刀，外圆精车刀，切槽刀，螺纹车刀。

量具：

0~150 mm 游标卡尺，千分尺（0~25 mm，25~50 mm），通规，止规。

思考题：

翻阅课外资料，查找是否还有其他螺纹车削指令？

</td>
</tr>
</table>

<table>
<tr><td>班级</td><td colspan="2"></td><td>姓名</td><td colspan="2"></td><td>学号</td><td></td></tr>
<tr><td colspan="6">数控车床中级操作技能评分表(19)</td><td colspan="2">零件加工程序</td></tr>
<tr><td>序号</td><td>项目要求</td><td>配分</td><td>评分标准</td><td>检测结果</td><td>实得分</td><td colspan="2" rowspan="13"></td></tr>
<tr><td>1</td><td>M27×2</td><td>10</td><td>超差全扣</td><td></td><td></td></tr>
<tr><td>2</td><td>Φ36±0.03</td><td>10</td><td>超差全扣</td><td></td><td></td></tr>
<tr><td>3</td><td>Φ44±0.02</td><td>5</td><td>超差全扣</td><td></td><td></td></tr>
<tr><td>4</td><td>92±0.1</td><td>5</td><td>超差全扣</td><td></td><td></td></tr>
<tr><td>5</td><td>Φ23±0.05</td><td>5</td><td>超差全扣</td><td></td><td></td></tr>
<tr><td>6</td><td>*R*6</td><td>5</td><td>超差全扣</td><td></td><td></td></tr>
<tr><td>7</td><td>Φ20±0.02</td><td>5</td><td>超差全扣</td><td></td><td></td></tr>
<tr><td>8</td><td>59.5</td><td>5</td><td>超差全扣</td><td></td><td></td></tr>
<tr><td>9</td><td>程序编辑</td><td>40</td><td>酌情扣分</td><td></td><td></td></tr>
<tr><td>10</td><td>文明生产</td><td>5</td><td>酌情扣分</td><td></td><td></td></tr>
<tr><td>11</td><td>熟练操作</td><td>5</td><td>酌情扣分</td><td></td><td></td></tr>
<tr><td colspan="5">总分</td><td></td></tr>
</table>

二十、圆头圆弧轴

$\sqrt{Ra\ 3.2}$ ($\surd$)

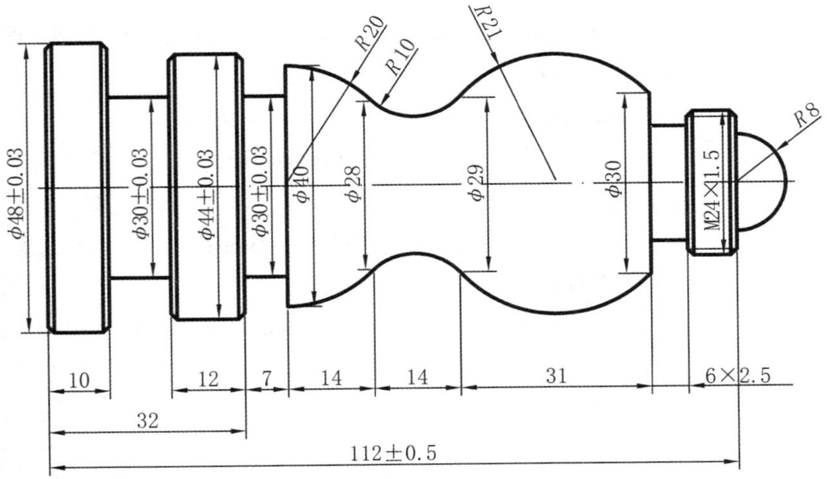

技术要求

1. 锐角倒钝，不准使用锉刀。
2. 未注公差按IT14加工。
3. 未注倒角1×45°。
4. 单位为mm。

中级工练习件		比例	材料	020
		1:1	铝合金 ϕ50	
制图			学院	
校对				

续表

学习目标： 1.熟练掌握凹圆弧、切槽、螺纹的加工方法。 2.熟练掌握 G76 指令车削螺纹。 3.掌握切槽刀倒角。 重点： 切槽刀倒角程序的编写。 难点： 1.G76 指令的熟练运用。 2.切槽刀倒角程序的编写。 如何解决： 1.学生分组讨论，在讨论中解决比较简单的问题。 2.理论和实践相结合，通过理论知识来指导实践。 3.实际操作过程中老师从旁指导帮助。	实训地点： 学校实训车间。 每组人数： 2~3 人。 实训设备： 数控车床。 实训工具： Φ50 mm×115 mm 铝合金毛坯段，毛刷，卡盘钥匙，刀架钥匙，油枪，垫刀片，抹布，加力杆。 实训刀具： 外圆粗车刀，外圆精车刀，切槽刀，螺纹车刀。 量具： 0~150 mm 游标卡尺，千分尺(0~25 mm，25~50 mm)，通规，止规。 思考题： 为什么圆弧的顶端和底端的粗糙度不同，分析原因，并思考解决方法？

班级		姓名		学号	

数控车床中级操作技能评分表(20)						零件加工程序
序号	项目要求	配分	评分标准	检测结果	实得分	
1	M24×1.5	10	超差全扣			
2	Φ48±0.03	10	超差全扣			
3	Φ44±0.03	5	超差全扣			
4	112±0.05	5	超差全扣			
5	Φ30±0.03	5	超差全扣			
6	*R*20、*R*10、*R*21	5	超差全扣			
7	6×2.5	5	超差全扣			
8	*R*8	5	超差全扣			
9	程序编辑	40	酌情扣分			
10	文明生产	5	酌情扣分			
11	熟练操作	5	酌情扣分			
总分						

二十一、圆弧槽轴

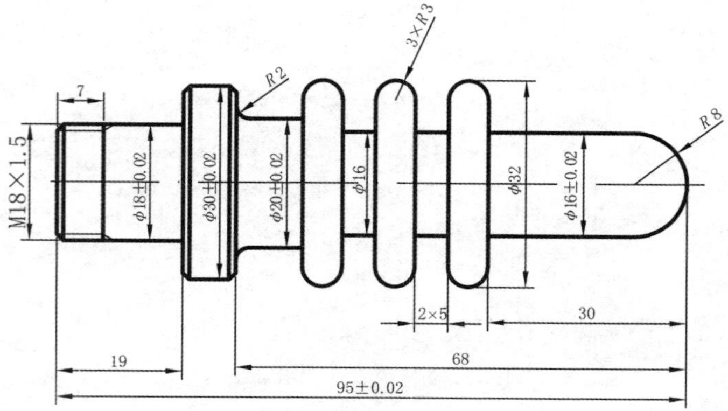

技术要求

1. 锐角倒钝，不准使用锉刀。
2. 未注公差按IT14加工。
3. 未注倒角1×45°。
4. 单位为mm。

中级工练习件		比例	材料	021
		1:1	铝合金 ϕ40	
制图			学院	
校对				

续表

<table>
<tr>
<td>

学习目标：

1.掌握切槽刀倒圆角。

2.熟练掌握 G76 指令车削螺纹。

3.熟练掌握凹圆弧、切槽、螺纹的加工方法。

重点：

切槽刀倒圆角程序的编写。

难点：

1.切槽刀倒圆角程序的编写。

2.没有退刀槽螺纹车削。

如何解决：

1.学生分组讨论，在讨论中解决比较简单的问题。

2.理论和实践相结合，通过理论知识来指导实践。

3.实际操作过程中老师从旁指导帮助。

</td>
<td>

实训地点：

学校实训车间。

每组人数：

2~3 人。

实训设备：

数控车床。

实训工具：

Φ40 mm×98 mm 铝合金毛坯段，毛刷，卡盘钥匙，刀架钥匙，油枪，垫刀片，抹布，加力杆。

实训刀具：

外圆粗车刀，外圆精车刀，切槽刀，螺纹车刀。

量具：

0~150 mm 游标卡尺，千分尺（0~25 mm，25~50 mm），通规，止规。

思考题：

当车削长度为 10 mm 没有退刀槽的螺纹时，螺纹的实际有效长度是多少？

</td>
</tr>
</table>

<table>
<tr><td>班级</td><td></td><td>姓名</td><td></td><td>学号</td><td></td></tr>
</table>

<table>
<tr><td colspan="6">数控车床中级操作技能评分表(21)</td><td>零件加工程序</td></tr>
<tr><td>序号</td><td>项目要求</td><td>配分</td><td>评分标准</td><td>检测结果</td><td>实得分</td><td rowspan="13"></td></tr>
<tr><td>1</td><td>M18×1.5</td><td>10</td><td>超差全扣</td><td></td><td></td></tr>
<tr><td>2</td><td>Φ18±0.03</td><td>10</td><td>超差全扣</td><td></td><td></td></tr>
<tr><td>3</td><td>Φ30±0.02</td><td>5</td><td>超差全扣</td><td></td><td></td></tr>
<tr><td>4</td><td>95±0.1</td><td>5</td><td>超差全扣</td><td></td><td></td></tr>
<tr><td>5</td><td>Φ20±0.02</td><td>5</td><td>超差全扣</td><td></td><td></td></tr>
<tr><td>6</td><td>3-R3</td><td>5</td><td>超差全扣</td><td></td><td></td></tr>
<tr><td>7</td><td>7</td><td>5</td><td>超差全扣</td><td></td><td></td></tr>
<tr><td>8</td><td>R8</td><td>5</td><td>超差全扣</td><td></td><td></td></tr>
<tr><td>9</td><td>程序编辑</td><td>40</td><td>酌情扣分</td><td></td><td></td></tr>
<tr><td>10</td><td>文明生产</td><td>5</td><td>酌情扣分</td><td></td><td></td></tr>
<tr><td>11</td><td>熟练操作</td><td>5</td><td>酌情扣分</td><td></td><td></td></tr>
<tr><td colspan="5">总分</td><td></td></tr>
</table>

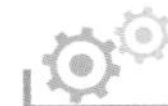

二十二、内孔轴

$\sqrt{Ra\ 3.2}$ (√)

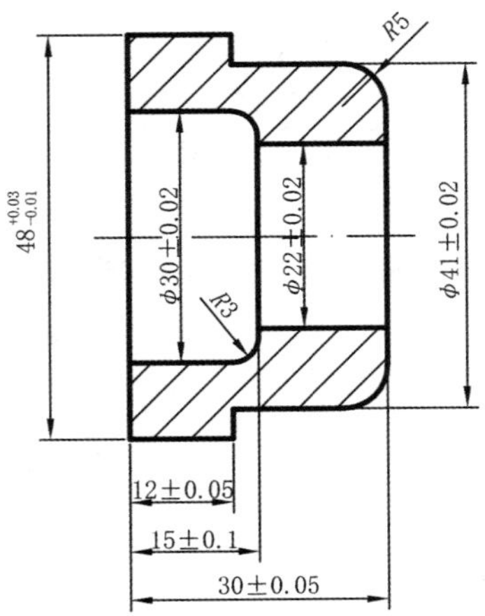

技术要求

1. 锐角倒钝，不准使用锉刀。
2. 未注公差按IT14加工。
3. 未注倒角1×45°。
4. 单位为mm。

中级工练习件	比例	材料	022
	1:1	铝合金 φ50	
制图			学院
校对			

续表

<table>
<tr>
<td>

学习目标：

1.了解 G71 车削内孔的方式。

2.了解内孔精度的控制。

3.了解内孔车刀的安装。

重点：

内孔车削程序的编写。

难点：

1.内孔余量的保留。

2.内孔车刀的安装。

如何解决：

1.学生分组讨论，在讨论中解决比较简单的问题。

2.理论和实践相结合，通过理论知识来指导实践。

3.实际操作过程中老师从旁指导帮助。

</td>
<td>

实训地点：

学校实训车间。

每组人数：

2~3 人。

实训设备：

数控车床。

实训工具：

Φ50 mm×33 mm 铝合金毛坯段，毛刷，卡盘钥匙，刀架钥匙，油枪，垫刀片，抹布，加力杆。

实训刀具：

外圆粗车刀，外圆精车刀，内孔车刀。

量具：

0~150 mm 游标卡尺，千分尺(0~25 mm，25~50 mm)，深度游标卡尺，内径摇表。

思考题：

为什么 G71 中的 U 为负值？

</td>
</tr>
</table>

<table>
<tr><td>班级</td><td colspan="3"></td><td>姓名</td><td></td><td colspan="2">学号</td></tr>
<tr><td colspan="6">数控车床中级操作技能评分表(22)</td><td colspan="2">零件加工程序</td></tr>
<tr><td>序号</td><td>项目要求</td><td>配分</td><td>评分标准</td><td>检测结果</td><td>实得分</td><td colspan="2" rowspan="13"></td></tr>
<tr><td>1</td><td>$\Phi22\pm0.02$</td><td>10</td><td>超差全扣</td><td></td><td></td></tr>
<tr><td>2</td><td>$\Phi30\pm0.02$</td><td>10</td><td>超差全扣</td><td></td><td></td></tr>
<tr><td>3</td><td>$\Phi41\pm0.02$</td><td>5</td><td>超差全扣</td><td></td><td></td></tr>
<tr><td>4</td><td>30 ± 0.05</td><td>5</td><td>超差全扣</td><td></td><td></td></tr>
<tr><td>5</td><td>$\Phi48^{+0.03}_{-0.01}$</td><td>5</td><td>超差全扣</td><td></td><td></td></tr>
<tr><td>6</td><td>12 ± 0.05</td><td>5</td><td>超差全扣</td><td></td><td></td></tr>
<tr><td>7</td><td>15 ± 0.1</td><td>5</td><td>超差全扣</td><td></td><td></td></tr>
<tr><td>8</td><td>$R3$</td><td>5</td><td>超差全扣</td><td></td><td></td></tr>
<tr><td>9</td><td>程序编辑</td><td>40</td><td>酌情扣分</td><td></td><td></td></tr>
<tr><td>10</td><td>文明生产</td><td>5</td><td>酌情扣分</td><td></td><td></td></tr>
<tr><td>11</td><td>熟练操作</td><td>5</td><td>酌情扣分</td><td></td><td></td></tr>
<tr><td colspan="5">总分</td><td></td></tr>
</table>

二十三、内孔槽轴

$\sqrt{Ra\ 3.2}$ (√)

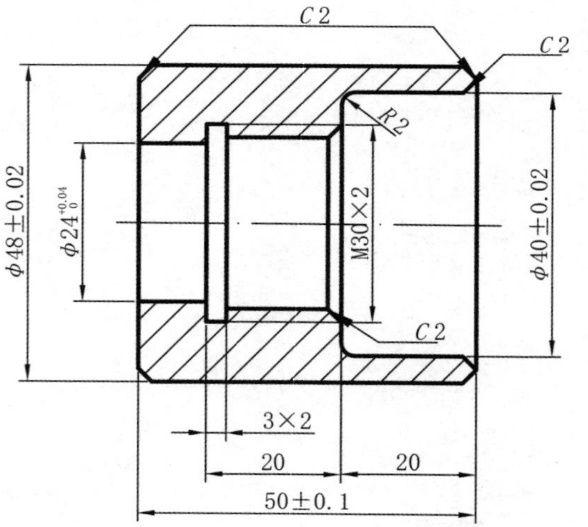

C2
C2
R2
C2
$\phi48\pm0.02$
$\phi24^{+0.04}_{0}$
M30×2
$\phi40\pm0.02$
3×2
20
20
50±0.1

技术要求

1. 锐角倒钝，不准使用锉刀。
2. 未注公差按IT14加工。
3. 未注倒角1×45°。
4. 单位为mm。

中级工练习件	比例	材料	023
	1:1	铝合金 $\phi50$	
制图			学院
校对			

续表

学习目标：	实训地点：
1.了解 G71 车削内孔的方式。 2.了解内槽的加工。 3.了解内螺纹的加工。 **重点：** 内孔内槽的程序编写。 **难点：** 1.内槽的程序编写。 2.内螺纹的加工。 **如何解决：** 1.学生分组讨论，在讨论中解决比较简单的问题。 2.理论和实践相结合，通过理论知识来指导实践。 3.实际操作过程中老师从旁指导帮助。	学校实训车间。 **每组人数：** 2~3 人。 **实训设备：** 数控车床。 **实训工具：** Φ50 mm×53 mm 铝合金毛坯段，毛刷，卡盘钥匙，刀架钥匙，油枪，垫刀片，抹布，加力杆。 **实训刀具：** 外圆车刀，内孔车刀，内孔槽刀，内螺纹车刀。 **量具：** 0~150 mm 游标卡尺，千分尺（0~25 mm，25~50 mm），深度游标卡尺，内径摇表，通规，止规。 **思考题：** 内槽和内螺纹的编程与外槽外螺纹有什么区别？

班级		姓名		学号	

数控车床中级操作技能评分表(23)						零件加工程序
序号	项目要求	配分	评分标准	检测结果	实得分	
1	$\Phi48\pm0.02$	10	超差全扣			
2	$\Phi40\pm0.02$	10	超差全扣			
3	$\Phi24^{+0.04}_{0}$	5	超差全扣			
4	50±0.1	5	超差全扣			
5	M30×2	5	超差全扣			
6	3×2	5	超差全扣			
7	20	5	超差全扣			
8	*R*2	5	超差全扣			
9	程序编辑	40	酌情扣分			
10	文明生产	5	酌情扣分			
11	熟练操作	5	酌情扣分			
总分						

二十四、内锥孔轴

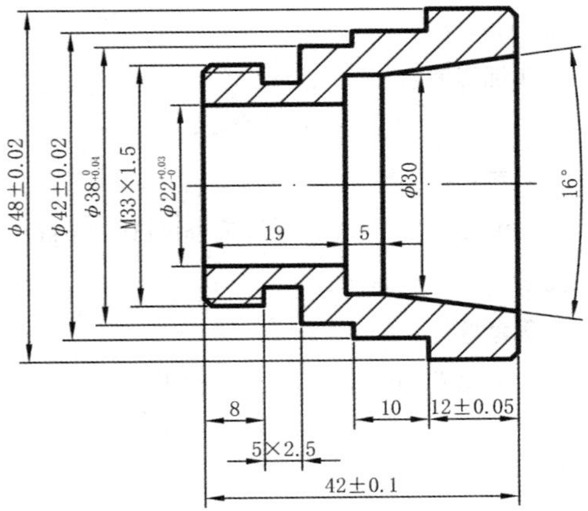

技术要求

1. 锐角倒钝，不准使用锉刀。
2. 未注公差按IT14加工。
3. 未注倒角1×45°。
4. 单位为mm。

中级工练习件	比例	材料	024
	1:1	铝合金 φ50	
制图			学院
校对			

续表

<table>
<tr>
<td>

学习目标：

1.掌握 G71 车削内孔的方式。

2.了解内锥孔的车削。

3.掌握工艺的安排。

重点：

内锥孔的车削。

难点：

1.内孔的车削。

2.零件整体工艺的安排。

如何解决：

1.学生分组讨论，在讨论中解决比较简单的问题。

2.理论和实践相结合，通过理论知识来指导实践。

3.实际操作过程中老师从旁指导帮助。

</td>
<td>

实训地点：

学校实训车间。

每组人数：

2～3 人。

实训设备：

数控车床。

实训工具：

Φ50 mm×45 mm 铝合金毛坯段，毛刷，卡盘钥匙，刀架钥匙，油枪，垫刀片，抹布，加力杆。

实训刀具：

外圆车刀，内孔车刀，切槽刀。

量具：

0～150 mm 游标卡尺，千分尺（0～25 mm，25～50 mm），深度游标卡尺，内径摇表。

思考题：

内锥孔和外锥度有什么区别？

</td>
</tr>
</table>

班级		姓名		学号	

数控车床中级操作技能评分表(24)						零件加工程序
序号	项目要求	配分	评分标准	检测结果	实得分	
1	$\Phi48\pm0.02$	10	超差全扣			
2	$\Phi42\pm0.02$	10	超差全扣			
3	$\Phi38_{-0.04}^{0}$	5	超差全扣			
4	5×2.5	5	超差全扣			
5	M33×1.5	5	超差全扣			
6	$\Phi22_{0}^{+0.03}$	5	超差全扣			
7	12±0.05	5	超差全扣			
8	42±0.1	5	超差全扣			
9	程序编辑	40	酌情扣分			
10	文明生产	5	酌情扣分			
11	熟练操作	5	酌情扣分			
总分						

二十五、内螺纹轴

$\sqrt{Ra\,3.2}$ ($\sqrt{}$)

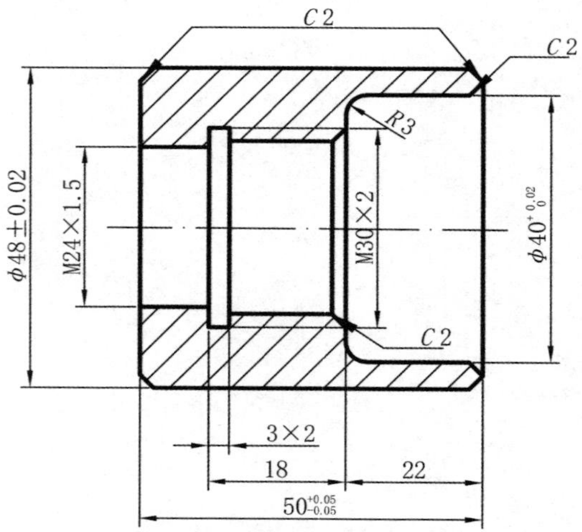

C2
C2
R3
C2
ϕ48±0.02
M24×1.5
M30×2
$\phi40^{+0.02}_{0}$
3×2
18
22
$50^{+0.05}_{-0.05}$

技术要求

1. 锐角倒钝，不准使用锉刀。
2. 未注公差按IT14加工。
3. 未注倒角1×45°。
4. 单位为mm。

中级工练习件		比例	材料	025
		1:1	铝合金 ϕ50	
制图			学院	
校对				

续表

左栏	右栏
学习目标： 1.掌握 G71 车削内孔的方式。 2.掌握内槽的加工。 3.掌握内螺纹的加工。 **重点：** 内孔内槽的程序编写。 **难点：** 1.内槽的程序编写。 2.内螺纹的加工。 **如何解决：** 1.学生分组讨论，在讨论中解决比较简单的问题。 2.理论和实践相结合，通过理论知识来指导实践。 3.实际操作过程中老师从旁指导帮助。	**实训地点：** 学校实训车间。 **每组人数：** 2~3 人。 **实训设备：** 数控车床。 **实训工具：** Φ50 mm×53 mm 铝合金毛坯段，毛刷，卡盘钥匙，刀架钥匙，油枪，垫刀片，抹布，加力杆。 **实训刀具：** 外圆车刀，内孔车刀，内孔槽刀，内螺纹车刀。 **量具：** 0~150 mm 游标卡尺，千分尺（0~25 mm，25~50 mm），深度游标卡尺，内径摇表，通规，止规。 **思考题：** 此类零件工艺该如何安排？

班级		姓名		学号	

数控车床中级操作技能评分表(25)

序号	项目要求	配分	评分标准	检测结果	实得分
1	$\Phi 48\pm0.02$	10	超差全扣		
2	$\Phi 40^{+0.02}_{0}$	10	超差全扣		
3	M24×1.5	5	超差全扣		
4	3×2	5	超差全扣		
5	M30×2	5	超差全扣		
6	50±0.05	5	超差全扣		
7	22	5	超差全扣		
8	*C*2	5	超差全扣		
9	程序编辑	40	酌情扣分		
10	文明生产	5	酌情扣分		
11	熟练操作	5	酌情扣分		
总分					

零件加工程序

附录1　华中"世纪星"HNC-21T机床控制面板上各按键的作用及使用方法一览表

按键类型	按键名称	功能说明
方式选择键	自动	按下该键，进入自动运行方式
	单段	按下该键，进入单段运行方式
	手动	按下该键，进入手动连续进给运行方式
	增量	按下该键，进入增量运行方式
	回参考点	按下该键，进入返回机床参考点运行方式
进给轴手动按键	+X、+Z、+C、-X、-Z、-C、快进	在手动连续进给、增量进给和返回机床参考点的运行方式下，用于选择机床欲移动的轴和方向。 在按下"快进"开关键后，该键左上方的指示灯亮，表明快进功能开启；再次按下该键，指示灯灭，表明快进功能关闭
速率修调	主轴修调 -、100%、+	在自动或MDI方式下，当S代码的主轴速度偏高或偏低时，可用主轴修调键，修调程序中编制的主轴速度
	快速修调 -、100%、+	在自动或MDI方式下，可用快速修调键，修调G00快速移动时系统参数"最高快速度"设置的速度

续表

按键类型	按键名称	功能说明
速率修调	进给修调 -、100%、+	在自动或 MDI 方式下，当 F 代码的进给速度偏高或偏低时，可按下该键，修调程序中编制的进给速度
	增量值选择键 ×1、×10、×100、×1000	在增量运行方式下，用于选择增量进给的增量值。各键互锁，当按下其中一个键时（该键左上方的指示灯亮），其余各键失效（指示灯灭）
手动机床动作控制	主轴正转	按下该键，主轴正转
	主轴停止	按下该键，主轴停转
	主轴反转	按下该键，主轴反转
	主轴正（负）点动	按下该键，主轴正（负）向点动运行
	刀位转换	在手动方式下，按下该键，刀架转动一个刀位
	卡盘松紧	按下该键，卡盘松开或夹紧工件
紧急情况处理	超程解除	当机床运动到达行程极限时，会出现超程现象，系统会发出警告音，同时紧急停止。要退出超程状态，可按下该键（指示灯亮），再按与刚才相反方向的坐标轴键
	急停键	用于锁住机床。按下急停按键时，机床立即停止运动
自动运行控制	循环启动/进给保持	在自动和 MDI 运行方式下，用于启动和暂停程序
	空运行	在自动方式下，按下该键（指示灯亮），程序中编制的进给速率被忽略，坐标轴以最大的快移速度移动
	机床锁住	用于禁止机床坐标轴的移动。显示屏上的坐标轴仍会发生变化，但机床停止不动

附录 2　数控车床常用功能一览表

指令		格式	
基本位移指令	G00	G00 X(U)_ Z(W)_(快速点位移动)	
	G01	G01 X(U)_ Z(W)_ F_(直线插补)	
	G02/G03	G02/G03 X(U)_ Z(W)_ R_ F_(G02 顺时针圆弧插补,G03 逆时针圆弧插补)	
单一固定循环指令	G90	G90 X(U)_ Z(W)_ I_ F_ (FANUX、广数、凯恩帝系统)	G80 X(U)_ Z(W)_ I_ F_(华中系统)
	G90	G92 X(U)_ Z(W)_ F_ (FANUX、广数、凯恩帝系统)	G82 X(U)_ Z(W)_ F_(华中系统)
复合固定循环指令	G71	G71 U_ R_ G71 P_ Q_ U_ W_ F_ (FANUX、广数、凯恩帝系统)	G71 U_ R_ P_ Q_ X_ Z_ F_(华中系统) G71 U_ R_ P_ Q_ E_ F_(凹槽加工)
	G73	G73 U_ W_ R_ G73 P_ Q_ U_ W_ F_(FANUX、广数、凯恩帝系统)	G73 U_ W_ R_ P_ Q_ X_ Z_ F_(华中系统)
	G70	G70 P_ Q_(FANUX、广数、凯恩帝系统)	
	G76	G76 P_ Q_ R_ G76 X(U)_ Z(W)_ R_ P_ Q_ F_(FANUX、广数、凯恩帝系统)	G76 C_ R_ E_ A_ X_ Z_ I_ K_ U_ V_ Q_ P_ F_(华中系统)

附录 3　数控车床常用辅助功能一览表

命　令	功　能	命　令	功　能
M00	程序暂停	M08	冷却液开启
M01	选择性停止	M09	冷却液关闭
M02	结束程序运行	M30	结束程序运行且返回程序开头
M03	主轴正转	M98	子程序调用
M04	主轴反转	M99	子程序结束
M05	主轴停止	—	—

参考文献

[1]刘洋,谢学浩.数控车床实训教程[M].延吉:延边大学出版社,2014.
[2]刘小利.数控车床加工[M].重庆:重庆大学出版社,2015.
[3]马睿,谭大庆.数控车床加工[M].北京:电子工业出版社,2016.
[4]陆华广.数控车床操作入门[M].天津:天津科学技术出版社,2017.
[5]姚允刚.零件数控车床加工[M].成都:西南交通大学出版社,2019.
[6]郝好敏.数控车床编程实训[M].北京:科学出版社,2018.
[7]吕震,吕明.数控车床编程与操作[M].北京:机械工业出版社,2018.